La maloca

Martín Nova

La maloca

15 voces unidas por nuestro planeta

DEBATE

MIXTO
Papel | Apoyando la
silvicultura responsable
FSC® C199593
FSC
www.fsc.org

Penguin
Random House
Grupo Editorial

Título: *La maloca*
Primera edición: junio de 2025

© 2025, Martín Nova
© 2025, Penguin Random House Grupo Editorial, S. A. S.
Carrera 7 # 75-51, piso 7, Bogotá, D. C., Colombia
PBX: (57-601) 743-0700

Imagen de cubierta: © Getty Images
Imagen de contracubierta y solapas: © Freepik

Impreso en Colombia-*Printed in Colombia*

ISBN: 978-628-7669-84-0

Compuesto en caracteres Adobe Garamond Pro

Impreso por Editorial Nomos, S.A.

Para Alexa y Emma,
su generación,
y quienes vienen después…
Este viaje de aprendizaje.

A mi mamá,
ejemplo siempre.

Tomó, pues, Dios al hombre,
y lo puso en el huerto del Edén,
para que lo labrara y lo guardase.
Génesis

El alma no es como el tronco del árbol,
que no guarda memoria de las floraciones pasadas
sino de las heridas que le abrieron en la corteza.
JOSÉ EUSTASIO RIVERA, *La vorágine*

CONTENIDO

Basado en conversaciones realizadas entre 2020 y 2024 de Martín Nova con:

Carlos Nobre (**CN**)
Christiana Figueres (**CF**)
Cristian Samper (**CS**)
Fany Kuiru (**FK**)
Felipe Bayón (**FB**)
Johan Rockström (**JR**)
M. Sanjayan (**MS**)
Mamo Kuncha (**MK**)
Manuel Pulgar (**MP**)
Patricia Zurita (**PZ**)
Paul Polman (**PP**)
Sylvia Earle (**SE**)
Thomas Lovejoy (**TL**)
Vanessa Nakate (**VN**)
Wade Davis (**WD**)

Introducción

El 2015 fue un año histórico en términos ambientales, al marcar algunos hitos importantes que tuvieron, y tendrán, un impacto determinante en los años posteriores. Uno de ellos fue la firma del Acuerdo de París, COP21, en el que 196 países firmaron un tratado sobre cambio climático, de manera casi vinculante, en el que se comprometieron a reducir las emisiones para limitar el incremento de la temperatura planetaria a 2 °C —y ojalá a 1,5 °C centígrados—, para mantener al planeta como lo conocemos hoy. Es uno de los mayores logros históricos de las conferencias climáticas internacionales, en cuanto a compromisos se refiere. Unos meses antes se había publicado *Laudato si'*, la carta encíclica del papa Francisco sobre medio ambiente, por el cuidado de la "casa común". Ese texto es un parteaguas, en términos de sostenibilidad, de la causa ambientalista global, y de las causas humanas; un documento de reflexión planetaria que debe ser leído y que pasará a la historia como un hito, por sus mensajes y su oportunidad.

Han pasado diez años desde el 2015 y las noticias siguen siendo similares en nuestra maloca, nuestra *kankurwa*, nuestra casa común.

La casa donde habitamos todos, nuestro único hogar, que heredamos de los ancestros y heredaremos sucesivamente, en el estado en que lo dejemos, a quienes vienen detrás; el lugar del que depende nuestra existencia; el lugar que hemos transformado y alterado en las últimas décadas, como quienes heredan esas casas abandonadas y llenas de goteras, sobre las que ya hay poco que se pueda hacer, y nos invita a reflexionar, porque en esta casa lo último que podemos perder es la esperanza.

Las visiones cambian a medida que más aprendemos. Hoy hemos evolucionado el pensamiento humano para entender que esta casa no nos pertenece, que tan solo somos parte de ella, diferente a esa visión antropocéntrica de décadas o siglos pasados en la que nos ubicábamos como el centro de todo. Una casa que es tan solo prestada y que hemos tratado como a "violín prestado", como decimos en Colombia, cuando queremos expresar que algo se ha tratado mal, sin cuidado. Son ya tantas las noticias sobre el calentamiento global y el cambio climático que pasan desapercibidas, así como las enormes estadísticas que camuflan las realidades. No reflejamos ya sorpresa cuando leemos "El año más caliente de la historia…", "Especie de felino se extinguió…", "Es apenas agosto y ya consumimos las reservas anuales del planeta…", "Se derriten los nevados…", "Desaparecerán los glaciares…"; James Lovelock: "Disfruten la vida mientras puedan: en veinte años el calentamiento global explotará (2008)"; "Exxon predice que el mundo no llegará a las metas establecidas para el cambio climático"; "Pérdida histórica en Antártica mata miles de pingüinos emperadores"; "La calidad del aire de la ciudad de Nueva York llega a su peor nivel en registros"; "Secretario general de Naciones Unidas, António Guterres, dice: La industria de combustibles fósiles es el corazón contaminado de la crisis climática"; "NASA advierte que julio 2023 es el mes más caliente en registro"; "Recordemos esta fecha: 9 de junio de 2023, el año en que nuestro planeta llegó a 1,5 °C por encima de la era preindustrial"; "La era del calentamiento global ha terminado, ha llegado la era de la ebullición global". Son el tipo de noticias y titulares alarmantes que leemos diariamente a través de los medios y de las redes sociales que inundan nuestras pantallas. Muchos sentimos ansiedad, preocupación: algo está pasando con el planeta; otros, simplemente lo niegan o prefieren no mirar. Christiana Figueres, exsecretaria ejecutiva de la Convención Marco de las Naciones Unidas de Cambio Climático, me decía, como veremos más adelante, que esta situación se refleja en un síndrome pretraumático: tantas noticias negativas amargas que llevan a anticipar lo peor, cuando debemos tener una visión más constructiva, de que estamos a tiempo, y pensar en los caminos para solucionarlo, en no perder la esperanza. El futuro del planeta está en las manos de esta generación, la nuestra, y en la de nuestros hijos, nos dicen.

"¿Qué tipo de mundo queremos dejar a quienes nos sucedan, a los niños que están creciendo?", dice *Laudato* en uno de sus numerales. Me llama la atención que el mensaje de la encíclica puede ser tan profundo, o tan liviano, como quien la lee. Es un texto que merece más atención y me invita a estudiar y profundizar más.

Me preocupa, sin embargo, lo poco masivo que puede ser ese documento trascendental: ¿cuánta gente de esta casa común lee una encíclica papal? Esto es un mensaje y un llamado oportuno y necesario para la humanidad, no solo para los católicos. ¿Cuánta gente cercana a mí la ha leído? Hago un sondeo entre algunos conocidos y realmente muy pocos tan siquiera la conocen, o, peor aún, muestran algún interés en leerla. El hecho de provenir del Vaticano, del catolicismo, abre muchas puertas, pero sin duda también cierra muchas otras. Pienso en cómo contrasta esto con las novedades literarias que se lanzan mes a mes en las librerías. Novelas y lecturas de todo tipo que logran altos niveles de lecturabilidad y ventas. ¿Por qué leemos de forma masiva como sociedad nuevos textos y por qué *Laudato si'*, con sus reflexiones que iluminan el futuro, nuestro futuro, no clasifica en dichos mercados? Hace unos años tuve algo que ver con la ideación de un proyecto que imaginaba muy distinto al resultado final, pero que terminó en un documental llamado *The Letter*[1], sobre la encíclica, que buscaba lograr llevar el mensaje de *Laudato si'* a más hogares y mentes, y en cerca de un año de su lanzamiento ha logrado casi diez millones de espectadores digitales de manera gratuita.

Mientras escribo esto, pienso en una semana de mi vida, o en un día, para darme una idea de la contaminación que produzco, sin percibirla. ¿Cómo me alimento? ¿Cómo me transporto? ¿Cuánto viajo en avión? ¿Cuánta energía eléctrica utilizo? ¿Qué fuente tiene? Es hidroeléctrica, ¿qué impacto ambiental tiene? ¿Cuánta agua consumo? ¿De dónde vienen mis alimentos, cómo se cultivan o nutren, cómo se transportan, cómo se almacenan, cómo se refrigeran, cómo se cocinan? ¿La ropa que utilizo cómo se confeccionó, con qué materiales y de dónde vienen? ¿Cuánta basura produzco a la semana? ¿Cuánta agua consumo? ¿Reciclo? En últimas, ¿cuál es mi huella de carbono diaria? Miro, en general, mis hábitos de consumo y de vida. Es doloroso, invivible, injusto, dramático, pensar la vida de esta manera. Me llama la atención la dependencia de la energía, ver a la gente en los aeropuertos sedienta de energía, en busca de un lugar dónde conectar su teléfono móvil para recargarlo al final del día, casi tan importante como respirar. Pienso que esa relación con el celular descargado en búsqueda de carga es un reflejo de la relación humana con la energía. Sin embargo, genera también un inmenso rechazo esta conversación, el que nos digan cómo vivir. Pero pensar en nuestra huella de carbono nos enseña y concientiza, nos dice cuánto nos cuesta este cómodo estilo de vida, que forma parte del momento de mayor bienestar en la historia de la humanidad. Nunca antes la humanidad, en su mayoría, había vivido tan a gusto y llena de comodidades. Es importante entender de dónde viene nuestro estilo de vida. Pienso

---

1   *The Letter*. (2022, 4 de octubre). El papa, la crisis ambiental y los líderes más relevantes [video]. YouTube. https://www.youtube.com/watch?v=Rps9bs85BII.

igual en mis ocupaciones: ¿mido la huella de carbono no solo como persona, sino también la de mi trabajo o empresa? ¿Cómo desde mi trabajo contribuyo a un mundo mejor: transformar el negocio hacia algo más sostenible, cumplir los Objetivos de Desarrollo Sostenible, medir y compensar la huella de carbono? La gran mayoría de empresas del mundo son pequeñas, y es ahí donde puede suceder el gran cambio. Nos pasa igual que a los países, unos contaminan mucho, otros contaminan poco, pero todos podemos aportar. Si tomara la decisión drástica de reducir ya mi huella de carbono a cero —el compromiso que firmaron a gran escala los países en el Acuerdo de París—, sería muy difícil. ¿Realmente está en mis manos cambiar? ¿Mi cambio tiene algún impacto? ¿Quiénes generan realmente los mayores impactos? ¿Qué puedo hacer yo? Entiendo que es costoso vivir, y no me refiero al costo monetario que sale de mi bolsillo, sino a los costos invisibles, que no vemos, porque vienen de la naturaleza y siempre hemos creído que son gratuitos, o ya sea porque vienen subsidiados por Gobiernos y las grandes industrias y porque así nos educaron. La fruta del árbol es gratis; el pez que sacamos del agua es gratis; lo que nos da la naturaleza es gratis. Me decía Amado Villafañe, indígena arhuaco de las montañas del Caribe de Colombia: "debemos retribuir por nuestro consumo, por la gallina que nos comemos, por el árbol que talamos, por el agua que consumimos".

Nace entonces este proyecto de aprendizaje. De aprendizaje y búsqueda de ser mejor persona, empresario y ciudadano.

* * *

Al mencionar este proyecto, como suele suceder con los procesos creativos, alguien me dijo hace pocos días que el mundo no necesita más fatalistas y negativistas. Es cierto, vivimos en una época en la que está de moda ser apocalíptico. Lo somos por naturaleza, y más ahora, con la caja de resonancia de las redes sociales, para ganar seguidores y *views,* de la mano del catastrofismo que inunda a nuestra sociedad. Este texto pretende alejarse de aquello, mostrar soluciones e invitar a cambios personales que en conjunto nos lleven a superar la crisis. Ni la reflexión es fatalismo —y sin reflexión no habrá un cambio— ni el positivismo sin acción trae soluciones. Una noticia buena no tiene eco; una noticia negativa se multiplica y expande a la velocidad de las pantallas, y también da votos. Nos agobian las redes sociales; nos agotan las noticias. Es un fenómeno global. Nunca la humanidad había tenido en sus dedos una herramienta para transmitir tan rápida y democráticamente las noticias, con los peligros que traen las *fake news* y, de nuevo, ese negativismo que cautiva. Despertamos cada mañana y nos vamos a la cama cada noche entre la dualidad de las noticias y opiniones de las múltiples dificultades que vivimos y las banalidades de una juventud confundida con sus bailes *tiktokeros* de moda, mostrando sus cuerpos a miles de extraños a cambio de algunos *likes*.

Estamos en la época de la crisis planetaria: un catastrofismo político, en un mundo polarizado y con extremos cada vez más lejanos, que se mueve como un péndulo, a la voz de las flautas del populismo. Catastrofismo climático en un mundo convulsionado con los eventos extremos del clima. Es difícil leer las noticias y las redes sociales, ver noticias de algún cercano o remoto desastre climático o de cómo las temperaturas baten récords, día tras día. Los extremos cada vez más extremos: el frío cada vez más frío y el calor cada vez más caliente, las lluvias cada vez más abundantes y las sequías cada vez más intensas. Catastrofismo social en un mundo cada vez más desigual, en el que, a pesar de los grandes y positivos avances sociales, la brecha entre ricos y pobres está cada vez más amplia y el 1 % más rico es cada vez inmensamente más rico; en especial, luego de la pandemia. Catastrofismo humano en un mundo donde casi mil millones de personas viven y se acuestan con hambre, mientras los de mayor consumo desperdician alimentos en un planeta que podría alimentar casi un 50 % más de población. *Catastrofismo* y *extremismo*, dos palabras tan de moda en nuestra época, azotada sí por las dificultades de un mundo que camina evidentemente hacia un planeta incierto. Lo llaman la *emergencia planetaria*, donde todo está conectado. Lo llaman el final del Jardín del Edén, el final del Holoceno, el inicio del Antropoceno. Mientras esto sucede, esas mismas redes sociales nos hipnotizan con nimiedades divertidas e idioteces al clic inmediato, del que es difícil escapar. Es la encrucijada del siglo.

Mantengamos el positivismo que necesitamos en estas épocas difíciles. En esta convulsión se nos olvidan los grandes avances de la humanidad, de las sociedades, en los últimos cien o doscientos años. Sin mucha dificultad podemos investigar y debatir a aquellos catastrofistas que siempre argumentan que todo está muy mal, con las mejoras en los niveles de vida, la evolución del bienestar de los habitantes del planeta, la disminución de la pobreza, el acceso a la salud, la evolución en la educación, el acceso a servicios públicos, el alfabetismo, la reducción del hambre, la expectativa de vida. En Colombia no es distinto: estamos enfrascados en discusiones sin salida entre extremos sobre lo mal que estamos, olvidando de dónde venimos y la senda de bienestar que traemos en las últimas décadas. Según las distintas fuentes, en dos siglos, la pobreza extrema global pasó del 90 % al 10 % de la población; el ingreso per cápita se multiplicó por diez; el acceso al agua potable pasó de menos del 20 % a más del 90 % de las personas; hoy más del 90 % de la población tiene acceso a energía eléctrica; pasamos del 12 % de alfabetismo a más del 85 %; la esperanza de vida pasó de 30 a más de 70 años de edad y crece aceleradamente —así como la tasa de nacimientos cae en la mayoría de los países—; la mortalidad infantil bajó tasas del 40 % a menos del 4 %; la educación primaria pasó de menos del 40 % a más del 90 % de la población; más de la mitad de los habitantes del mundo tiene acceso a internet; más de 5.000 millones de personas tienen teléfono móvil, y en la actualidad hay más aparatos celulares que personas en el mundo. El bienestar del mundo es otro, distinto al que era en 1900, de la mano, sin duda, de los avances tecnológicos, de la Revolución Industrial y tecnológica y de la energía que trajeron los combustibles fósiles.

En alguna época no muy lejana —en términos planetarios—, la luz del hogar dependía del aceite de las ballenas, luego llegaron el petróleo y el queroseno y la bombilla eléctrica: el mundo va avanzando al ritmo del conocimiento, y el despliegue de tecnologías es cada vez más rápido. Hoy sabemos, gracias a la ciencia, que el petróleo y los combustibles fósiles también deben ser reemplazados en las próximas décadas, antes de que sea tarde, así como sería absurdo pensar que el aceite de ballena era la mejor solución posible. Hay quienes luchan todos los días por un mundo mejor, los Objetivos de Desarrollo Sostenible de las Naciones Unidas nos recuerdan que hay una lucha constante por mejorar la calidad de vida de los más de 8.000 millones de habitantes de la casa común, o de los 10.000 en un futuro no muy lejano. Hay mucho por hacer para alcanzar el fin de la pobreza extrema y el hambre cero, así como en materia de salud, educación, igualdad, agua, energía, consumo responsable, y, por supuesto, lo relativo específicamente a los temas ambientales: acción climática y biodiversidad en tierra y en agua. Es evidente que están los compromisos y los planes; es innegable que ha habido un avance enorme, pero aún insuficiente, y que las metas son volátiles: entre más avance, más retos, y las comunidades exigen más. Es alentadora esta evolución, aunque existe, sin duda, el dilema del vaso medio lleno o del vaso medio vacío. Las personas, como es lógico, somos cada vez más exigentes y demandantes. A mí me gusta pensar en el vaso medio lleno.

Así mismo, los avances científicos y de tecnología nos tienen en un nuevo mundo. La tecnología, el conocimiento del espacio y de las profundidades del océano, de la ciencia, la biología, la microbiología, la química, la física, las matemáticas, la informática, la polémica y nueva inteligencia artificial, las energías renovables. Hace tan solo cien años ¿quién se hubiera imaginado un aterrizaje lunar o poder ver una fotografía de un amanecer marciano? Hoy quizás roba más tiempo de las pantallas digitales globales un sensual baile en TikTok que el amanecer marciano, que jamás la humanidad soñó poder ver. Hoy casi más personas ven en televisión el Super Bowl, gracias a la asistencia de la megaestrella Taylor Swift, que el histórico aterrizaje lunar. Hoy logra más audiencias MrBeast, con su viralísimo video semanal, que los descorazonadores incendios del Amazonas o de Australia, o la devastación de Los Ángeles. Sin embargo, el mundo avanza también por el lado positivo: las energías sostenibles se desarrollan y el mundo se va reorganizando gracias a lo que hemos aprendido. Un mundo de conocimiento al alcance de la mano. ¿Qué habría sido de la salud en la pandemia si el mundo no se hubiera puesto de acuerdo para desarrollar las vacunas a la velocidad a la que se lograron?

Aunque sabemos de la crisis planetaria y de la famosa crisis climática, un poco menos conocida es la crisis de la biodiversidad. Hemos oído hablar de la sexta extinción masiva, pero pareciera no ser algo que afecte a corto plazo nuestras vidas. Se habla de la sexta extinción masiva, que es la primera generada por un animal y también la primera que puede ser detenida por ese mismo animal. ¿Cómo me perjudica a mí la pérdida de un insecto al otro lado del planeta? Vivimos estas crisis interconectadas y casi todos podemos decir que las sentimos en nuestro día a día, pero de alguna manera no son lo suficientemente inmediatas en nuestro quehacer diario y en las carreras modernas, para invitarnos a tomar medidas más urgentes. En cualquier país se sienten ya los extremos del clima, y esta crisis nos afecta a todos. Solamente con acciones conjuntas se logrará solucionar, o mitigar. Me decía Johan Rockström, como parte de la investigación para este libro, como veremos más adelante, que se está tratando de llevar la crisis climática al Consejo de Seguridad de las Naciones Unidas para darle la real dimensión de urgencia, como la tuvo otra crisis planetaria, la pandemia. Somos la generación de las crisis planetarias, claro, porque todo está conectado.

La pandemia nos puso a pensar a todos. Fue una época de reflexión, de recogimiento, de tiempo en familia. Me gusta pensar que la pandemia, al contrario de las dificultades, trajo unos momentos de reflexión individual y colectiva para la humanidad. Muchos soñaban que la sociedad pospandemia sería mejor que la anterior, una humanidad sobreviviente más humana, más comprensiva, más generosa, más amable. Pareciera que la realidad es lejana a esos deseos y que la inercia se mantuvo, pero me gusta pensar que la pandemia sí trajo aprendizajes positivos para todos. Aprendimos que sí se puede pensar como colectivo, como habitantes de la misma casa común, de nuestra nave espacial para 8.000 millones de humanos y otras más de diez millones de especies con quienes cohabitamos y compartimos el único planeta habitable conocido. Los diez millones de especies que habitamos el planeta representamos tan solo el 1 % de las especies que lo han habitado, el otro 99 % se ha extinguido a través del tiempo y de las diferentes crisis planetarias, porque el planeta siempre ha evolucionado y el clima no es estático. Hemos tenido la enorme fortuna de vivir en una época de calma climática que ha ayudado al desarrollo pleno de la raza humana. Sin embargo, qué soberbia tenemos al pensar que nuestra especie vivirá por siempre cuando solo llevamos 250.000 años y el 99 % de las especies que han existido han desaparecido. Y qué difícil pensar en tantos años de evolución de las especies, para que al final se genere una nueva crisis y la extinción por la acción de una sola de ellas a cambio de unos dólares adicionales. Debemos adaptarnos para prolongar esa existencia, porque la naturaleza nos ha mostrado que quien no se adapta, se extingue. Soñamos con poblar planetas lejanos y convertirnos en una especie interplanetaria cuando todo lo que necesitamos está acá, junto a nosotros. Bienvenida la conquista espacial, pero cuidemos lo que tenemos hoy. Hace tan solo tres años el planeta reaccionó de manera inmediata y oportuna a la mayor crisis sanitaria en mucho tiempo. Un virus que se acercaba a nuestras vidas a la velocidad de las noticias y de las redes sociales, importado desde Wuhan, sin fronteras e imparable. Aunque la crisis planetaria es la crisis más grande de nuestra época humana, este no pretende ser un texto catastrófico, sino precisamente lo contrario.

El 2023 fue un año de temperaturas récord y de un fenómeno de El Niño muy agresivo, de eventos climáticos extremos y de unos océanos cada vez más calientes que nos alarman y nos angustian. Pero ese cambio climático, que en la historia del planeta se ha medido en siglos, se presenta muy lento y no avanza a la velocidad con la que llegó el coronavirus, que nos encerró y nos obligó a buscar soluciones inmediatas: era la supervivencia a semanas, a meses, no a milenios, siglos o décadas como resulta el cambio climático. Era la economía en riesgo, en cuestión de meses, no en décadas. Aquella famosa frase de campaña política norteamericana funciona a la perfección: *"It's the economy, stupid"*. El coronavirus acabaría la economía aceleradamente y obligó a medidas urgentes; la crisis ambiental la impactaría lentamente. La pandemia nos obligó a frenar en seco; la naturaleza nos va cocinando en generaciones y no nos obliga a esa inmediatez. Esa es quizás la respuesta de por qué no hay medidas más urgentes y contundentes. Alguien reflexionaba que cuando un cuerpo sufre de cáncer, se recurre a medidas extremas que atacan al mismo cuerpo, como quimio o radioterapias. ¿Cuáles son esas medidas extremas para la crisis planetaria?

En mi caso, en las reflexiones de la pandemia, quise comenzar una serie de conversaciones, con personas reconocidas en el mundo, cada una en su campo, los grandes expertos y gurús, más allá de las fronteras invisibles de nuestra megabiodiversa Colombia, para profundizar precisamente en estos temas que me invitan a hacer más.

Fernando González, el filósofo de Envigado, desde el valle de Aburrá, decía que el hombre es un animal triste:

Verdadera tristeza no hay sino en el hombre; el resto del cosmos es energía armoniosa […] en el universo, solo en el hombre se encuentra la irregularidad y la tristeza de estar perdido, de la contradicción de sus múltiples deseos […]. Nuestra hipótesis para explicar la tristeza del hombre es que somos un ser nuevo en el universo; y como ser nuevo, imperfecto y complicadísimo en su funcionamiento, como el primer telar que se inventó. ¡Cómo se enredaban y se contradecían las múltiples partes de ese primer telar!

Esa tristeza, a la que González hace referencia en su *Viaje a pie* a través de la difícil geografía colombiana, se explica con la juventud de los humanos, presentes en este planeta desde hace apenas 250.000 años, una especie nueva en la escala planetaria, que aprende a gatear, y, sin embargo, en ese poderoso gatear de las últimas décadas ha logrado transformar por completo la superficie y el comportamiento del planeta. En las pocas décadas de los 250.000 años de nuestra especie, 250.000 años de los 4.600 millones de historia del planeta, no hay sentido de la proporción. Y solamente en los últimos doscientos años ha habido un desarrollo realmente exponencial. Lo dice el filósofo: somos una especie nueva. Solo en los últimos siglos, exponencial luego de la Revolución Industrial, hemos visto un desarrollo importante, y nada más en las últimas décadas hemos consumido —o alterado— gran parte del planeta. Un planeta que estamos consumiendo velozmente y del que cada año sobrepasamos su capacidad más rápido. Un meme, de aquellos que circulan y crecen por internet, dice: "La Tierra tiene 4.600 millones de años. Llevémoslo a una escala de 46 años. Nosotros hemos estado acá por 4 horas. La Revolución Industrial comenzó hace un minuto. En ese tiempo, hemos destruido más del 50 % de los bosques del planeta. Esto no es sostenible". Tengo 46 años, me queda muy fácil hacer el paralelo: el último minuto me alcanzó únicamente para escribir estos últimos renglones, mientras tanto destruimos el 50 % de los bosques del planeta. Pero me consuela también ver la velocidad con la que vuelven a renacer las hojas de los bosques a tan solo pocos días de haber superado un incendio.

El francés George Steiner, otro filósofo, al referirse a las guerras raciales decía que somos invitados en este planeta:

> Heidegger ha dado con esa expresión extraordinaria, somos invitados de la vida; ni usted ni yo hemos podido elegir nuestro lugar de nacimiento, las circunstancias, la época histórica a la que pertenecemos, un hándicap o una buena salud […] nos encontramos *geworfen*, dice en alemán, arrojados a la vida. Y el que se encuentra arrojado en la vida tiene un deber hacia la vida, en mi opinión, la obligación de comportarse como invitado […]. Y un invitado digno deja el lugar en el que ha sido hospedado algo más limpio, algo más bonito, algo más interesante que como lo encontró. Y si tiene que marcharse hace sus maletas y se va.

El de Envigado, entonces, dice que somos seres tristes porque somos muy nuevos en el universo, el de París dice que somos invitados a la vida y debemos comportarnos como buenos huéspedes, y los bosques nos dicen que todo puede renacer. No habría mucho más qué decir.

Pero pasemos de la filosofía a la ciencia y a la ciencia política. La CEPAL, en su escrito *La tragedia ambiental de América Latina y el Caribe*, dice:

> La humanidad está frente a una encrucijada. Se sostiene que el planeta ha sido conducido hacia un deterioro creciente de la biósfera, agravado por el fenómeno del cambio climático, en el marco de un orden económico internacional desequilibrado, injusto y excluyente. Se cuestiona el estilo de desarrollo vigente,

que se ha presentado como el único camino posible para la humanidad, sustentado en la hipótesis improbable de un crecimiento económico que se proyecta sin límites en el tiempo.

Un ejercicio de abstracción del mayor problema de la humanidad en un solo párrafo. Ya nadie puede negar el cambio climático, aunque muchos persisten en negar que es consecuencia de la actividad humana y del modelo de desarrollo que nos rige desde hace varias décadas. *Antropoceno* es el nombre que se le ha dado a esta nueva época que podría estar iniciando como sucesora del Holoceno. En el Antropoceno la acción humana es tan fuerte que ha logrado transformar al planeta y su química: ha sobrepasado varios de los llamados *límites planetarios* y llevado al extremo los *bienes comunes* y los *puntos de inflexión* de la ciencia climática. El planeta, con su dimensión, enorme y pequeña al mismo tiempo, con sus 195 países reconocidos por las Naciones Unidas, unos muy ricos, otros muy pobres, unos muy contaminantes, otros poco contaminantes, unos con más biodiversidad, otros con más petróleo, gas o carbón, con sus más de 7.000 idiomas y lenguas, que también se extinguen al ritmo de la biodiversidad amenazada, se rige de una manera muy simple: unas reglas de juego de la naturaleza, llamadas *límites planetarios*, y unos tesoros llamados *bienes comunes*, de los que todo el resto depende. Aunque somos animales a los que no nos gustan las reglas, a estos límites no hay manera de hacerles trampa.

Por ejemplo, cuando una maloca, que depende de sus columnas y vigas que la sostienen, es atacada por el comején, que entra por la primera grieta húmeda de la madera, al crecer este por dentro pone en riesgo la estabilidad futura de la estructura. Y, por poner otro ejemplo, nosotros mismos cuidamos nuestros cuerpos y sus múltiples sistemas —circulatorio, respiratorio, muscular, nervioso, y demás—, vamos al médico con frecuencia y nos hacemos exámenes periódicos para garantizar que todo esté funcionando bien. Ante cualquier indicador fuera de lo normal —subida del azúcar, aumento del colesterol o alteración de la tiroides— cambiamos de hábitos y tomamos medicamentos para volver a la salud y cuidar nuestra vida; modificamos la alimentación, hacemos ejercicio, dormimos más, nos medicamos. Me gusta pensar, así, en los límites planetarios como la medición de la salud del planeta: un cuerpo vivo que debe controlar su propio colesterol.

Esta humanidad pareciera saber que cava su propia tumba, lo digo sin fatalismos, y, sin embargo, no se detiene lo suficiente a pensar y reflexionar en los cambios y en la transición. Esa tristeza colectiva cava su propio destino incierto y camina hacia el suicidio. Ya lo había escrito García Márquez en mayo de 1981, "Como ánimas en pena", que luego se convirtió en un minicuento que circula por internet bajo el nombre de *Drama del desencantado*:

> [...] el drama del desencantado que se arrojó a la calle desde el décimo piso, y a medida que caía iba viendo a través de las ventanas la intimidad de sus vecinos, las pequeñas tragedias domésticas, los amores furtivos, los breves instantes de felicidad, cuyas noticias no habían llegado nunca hasta la escalera común, de modo que en el instante de reventarse contra el pavimento de la calle había cambiado por completo su concepción del mundo, y había llegado a la conclusión de que aquella vida que abandonaba para siempre por la puerta falsa valía la pena de ser vivida.

Ese hombre que a medida que caía al vacío se daba cuenta de la perfección del mundo que habitaba, de las especies con las que lo compartía, de la temperatura perfecta, de sus ríos, de sus mares, de las aves del firmamento y los mamíferos y reptiles de la tierra, de la belleza de un perro doméstico o la de un hipopótamo salvaje al jugar en el agua, del pájaro que mueve sus plumas al refrescarse en un charco de agua, del colibrí que llega a la ventana, del canto del gallo al amanecer, del delfín que juega con las olas del mar, de la temperatura de los días y de las noches, de los días lluviosos y soleados, de los arcoíris llenos de contradicciones, de los alimentos y sus sabores, del sol y la luna que embellecían y regulaban sus días, de la sombra de los árboles y de las suaves caricias del viento al rozar el rostro al mirar un atardecer al borde del mar o de la montaña, de las conversaciones entre amigos y de las risas y alegrías, de las tristezas y dolores, del amor de padres a hijos y a nietos, y viceversa; del placer de la lectura o del cine, de viajar y conocer el mundo, de caminar por la naturaleza, de abrazar un árbol y sentir la grama en la planta de los pies, de un vaso de *whisky* al lado de la chimenea, del aroma de una taza de café al madrugar, del pan caliente de la mañana y de la cena en familia, de la intimidad de pareja, del disfrute de los *hobbies*, del conocimiento infinito, del olor de los libros, de las diferentes culturas hermanas del planeta, de la bendición del trabajo, de toda la poesía que rodea los bellos momentos de la vida. De que la vida es una poesía y debemos disfrutarla. Darse cuenta de que lo tenía todo y no necesitaba nada más. Era darse cuenta de ese Jardín del Edén, ese huerto del Edén del que formaba parte, hermoso y perfecto en sus imperfecciones, y darse cuenta de que tuvo tanto la capacidad intelectual como las fallas humanas del egoísmo y la ambición, para llevar ese paraíso a sus límites más extremos, hasta convertirlo en un lugar difícil de habitar, tanto para sí mismo como para la biodiversidad con la que compartía los días. Alguien me dijo que si el planeta tuviera un logo, un ícono que lo describiera, debería ser una teta, un seno: la teta planetaria que nos alimenta, que se recupera, o se seca.

* * *

Al terminar la Segunda Guerra Mundial, los países europeos tomaron una decisión difícil y muy compleja de ejecutar: la creación de la Unión Europea. Esto garantizaría una mayor interdependencia entre países y reduciría los posibles conflictos futuros. Jean Monnet, considerado uno de los padres de esa Europa por su participación en la creación de la Unión Europea, escribe en sus memorias:

Queremos poner las relaciones franco-alemanas sobre una base completamente nueva. Queremos convertir lo que dividía a Francia de Alemania, es decir, las industrias de guerra, en un bien común, que también será europeo. De esta forma, Europa redescubrirá el papel protagónico que tuvo en el mundo y que perdió por estar dividida. La unidad de Europa no acabará con su diversidad, sino todo lo contrario. Esa rica diversidad beneficiará a la civilización e influirá en la evolución de potencias como la propia América.

Una forma distinta de ver un mundo interconectado e interdependiente. Patricia Zurita, en nuestra conversación para este libro, me decía: "Estamos viviendo la peor catástrofe que el planeta ha visto desde la Segunda Guerra Mundial. Y hay una razón para esto: estamos destruyendo la naturaleza". Mamo Kuncha, desde su sentido común y visión ancestral, también me decía que lo primero que debemos solucionar como humanidad, precisamente desde este país convulsionado por la violencia entre semejantes, es hacer las paces con la naturaleza. Sin ir muy lejos, la dimensión de la crisis planetaria actual, aunque menos inmediatista, es tan compleja como la vivida durante la Segunda Guerra Mundial, que inspiró oportunos y duraderos acuerdos multilaterales entre continentes y potencias mundiales, y tratados como la creación de la Unión Europea. ¿No es igual de necesario llegar a unos acuerdos fuertes y vinculantes por el cuidado y conservación de los Bienes comunes globales como cuando finalizó la guerra? ¿No requieren acaso el Amazonas o el Congo o las capas de hielo polares un espacio de descanso para respirar de nuevo y atención prioritaria como lo tuvieron las salas de emergencias respiratorias durante la pandemia? ¿Es eso acaso lo que buscan el Acuerdo de París o las Conferencias de las Partes (COP)? ¿Acuerdos que garanticen el futuro del planeta y el futuro de la misma economía, protegiendo zonas y restaurando, creando nuevas políticas y planes, con una transición hacia la sostenibilidad más acelerada? ¿Quiénes son los líderes mundiales actuales llamados a estas discusiones? Los ejemplos de Jean Monnet y el Plan Schuman[2] son perfectos y podrían utilizarse para replicar la estrategia: "En estas cosas tengo una sola regla, que es trabajar el tiempo que sea necesario, comenzando de nuevo cien veces, si se necesitan cien intentos para un resultado satisfactorio, o solo nueve veces, como en el presente caso", escribió Monnet. ¿Quiénes son los Jean Monnet o los Robert Schuman de la crisis planetaria actual que lograrán unir causas, unificar intereses, buscar soluciones, proteger áreas comunes planetarias de interés global, definir el plan de salida de los combustibles fósiles en las próximas décadas, definir acuerdos para modificar la carrera eterna de lucha por el crecimiento del producto interno bruto de cada país, establecer medidas para llegar al deseado *Net Zero* o incluso el *Net Positive,* con reducción, mitigación y restauración? ¿El Tratado Antártico de 1959, que convirtió a la Antártida en una reserva natural global para la ciencia y la paz, un territorio para el bien común de la humanidad, es otro ejemplo del tipo de tratados que se pueden lograr? ¿Son los líderes actuales de los países más desarrollados los llamados a dirigir esta emergencia?

Estas reflexiones no significan en absoluto, ni insinúan, políticas de decrecimiento ni renuncias al bienestar, ni la exigencia de la reducción de la población humana —como pretenden algunos— para mantener el estilo de vida de los más privilegiados que continúen.

---

2   El 9 de mayo de 1950, Robert Schuman, ministro de Relaciones Exteriores de Francia, pronunció la declaración en la que se proponía la creación de una comunidad europea de carbón y acero que buscaba una Europa unida como aporte a la paz mundial. Se reconoce en ella el nacimiento de la Unión Europea.

Por el contrario, invitan a buscar soluciones, tecnologías y la evolución deseada, el fortalecimiento de las iniciativas y las empresas privadas, de manera que no se reduzca en un centímetro el bienestar alcanzado, así como una nueva ética y reflexión sobre el consumo de los recursos, con el fin de dejar atrás esa mentalidad antigua y mohosa de que los recursos naturales son gratuitos. No es precisamente una tercera guerra mundial entre países lo que nos afecta hoy en un planeta donde sí hay varias guerras simultáneas que tienen al planeta concentrado y desconcentrado al mismo tiempo. Es un planeta que llama nuestra atención con gritos de auxilio —de la misma forma como nuestra sangre nos advierte problemas futuros a través del colesterol alto—, con las únicas herramientas que tiene para hacerlo, mientras estamos enfocados en las guerras, la política, la polarización, el populismo, la ambición y las redes sociales. Lo que nos debe preocupar y unir hoy es la búsqueda de un equilibrio planetario que logre las metas del Acuerdo de París y de otros que vendrán, sin rebuscadas y populistas teorías de decrecimientos que solamente golpearán el bienestar alcanzado y llevarán a millones a la pobreza, y que nos ayude a mantener ese Jardín del Edén del que todos, sin excepción, somos dependientes.

"La decadencia ética del poder real se disfraza gracias al *marketing* y la información falsa, mecanismos útiles en manos de quienes tienen mayores recursos para incidir en la opinión pública a través de ellos", dice también el papa Francisco en su nueva exhortación apostólica *Laudate Deum*, de 2023, una especie de secuela de *Laudato si'*, ocho años más tarde, que sirvió como preámbulo a la esperada COP28 de Dubái en 2023. Una COP que generaba dudas al ser llevada a cabo en una de las grandes potencias petroleras globales, cuando se invita precisamente a definir medidas vinculantes, eficientes, obligatorias y medibles para el plan de salida de los combustibles fósiles en las próximas décadas. "No existe ninguna ciencia, ni ningún escenario, que diga que la eliminación gradual de los combustibles fósiles es lo que permitirá alcanzar los 1,5 °C", alcanzó a decir el presidente de

COP28, el sultán Al Jaber, y que esto nos llevaría de nuevo a las cavernas, aunque al final de la cumbre se haya logrado el reconocimiento de manera exitosa sobre la responsabilidad de los combustibles fósiles y definido un plan de transición en su uso hacia energías limpias. Las cumbres sí terminan en compromisos frente a la realidad evidente, lo difícil es lograr avanzar en acciones más rápidas.

"La gravedad de la crisis ecológica nos exige a todos pensar en el bien común" y "una ecología integral requiere apertura hacia categorías más allá de las matemáticas o de la biología y que nos conecten con la esencia de lo humano", decía de nuevo *Laudato si',* invitando a un diálogo polifónico entre todos: científicos, ecologistas, religiosos, empresarios, políticos, indígenas. Invitar a un diálogo de conocimientos, un diálogo de saberes interculturales, de escucha, que nos ayuden a encontrar la solución y a definir los compromisos.

Invitar al desarrollo de unos acuerdos globales en los cuales cada país aporte en su medida. En los que todos migremos a fuentes de energía sostenibles y a hacer la transición del uso de combustibles fósiles, eso no tiene duda. Pero países como el nuestro, Colombia, en el corazón del mundo, en el corazón de la biodiversidad, en el corazón del agua, en la punta norte de Suramérica, con dos océanos, con los Andes y el Amazonas, las llanuras y las selvas del Pacífico, con gran parte de los páramos del planeta, debemos enfocarnos en proteger, regenerar, reparar, restaurar. Eliminar por completo la deforestación y restaurar zonas de alto interés global y que retienen carbono. Es ese nuestro mayor aporte. Se emiten anualmente en el planeta 36.000 millones de toneladas de CO_2 a la atmósfera, de las cuales Colombia emite 77 millones y ocupa el puesto 48. Somos un país, como la mayoría de ellos, casi insignificante en términos de emisión, pero muy impactado en términos de las consecuencias del cambio climático. "Somos víctimas", me dijo Christiana Figueres al hablar de países como los nuestros. Aunque prefiero palabras como supervivientes, defensores, guardianes. La palabra *víctima* invita a la pasividad, mientras que debemos ser constructores de cambio.

Este libro es precisamente sobre esto: entender la crisis y entender qué podemos hacer cada uno de nosotros en nuestras vidas para aportar, siempre desde el optimismo. Identificarnos como parte del problema y sentirnos orgullosos de ser parte de la solución. Es mucho lo que podemos hacer los consumidores y personas comunes y corrientes mientras los astros se alinean, mientras los líderes globales están distraídos y engolosinados con sus egos enormes y con la política internacional, con sus propios problemas cortoplacistas, y con incrementar y mantener su poder. Mientras se logra que los compromisos firmados en los acuerdos multilaterales logren llevarse a cabo, es mucho lo que podemos hacer el resto de nosotros, los que no gobernamos pueblos, pero sí gobernamos nuestras vidas y nuestro libre albedrío. Y eso es lo que pretende mostrarnos este libro.

Paul Polman, también en el proceso de este documento, dice: "¿Por qué es el mundo un mejor lugar por estar yo? ¿Por qué el mundo es un mejor lugar por yo existir en él?". Empresarios, políticos, activistas, supervivientes y la masa de la población, todos podemos transformar el planeta si desde la convicción modificamos lo que hacemos y cómo vivimos. También dice Polman que las décadas siguientes representan la mayor oportunidad histórica de negocios para la humanidad. Es otra forma de apreciarlo: ¿cuáles serán las transformaciones que nos exigen las próximas décadas para no sobrepasar los 1,5 °C de incremento en la temperatura y que creará la mayor oportunidad de negocios de la historia de la humanidad? ¿Qué tenemos que perder como especie si hacemos los cambios que los científicos recomiendan? ¿Pasar de los combustibles fósiles, que han sido el gran motor de la prosperidad humana por décadas, a unas nuevas formas de crear energía, más económicas, menos destructivas, menos dañinas con nuestro planeta? ¿Tenemos algo que perder si abrimos la mente a un nuevo mundo más amigable? Todo esto, sin perder bienestar.

Cierro estas reflexiones con *Laudato*:

> Quiero destacar la importancia central de la familia. Es el ámbito para el auténtico crecimiento humano. En la familia se cultivan los primeros hábitos de amor y de cuidado de la vida, el uso correcto de las cosas, el orden, la limpieza, el respeto por el ecosistema local, la protección de todos los seres. Es el lugar de la formación integral y de la maduración personal. En la familia se aprende a pedir permiso, a decir gracias y valorar, a dominar la agresividad o voracidad, y a pedir perdón. La cultura de la vida compartida.
>
> En familia se aprende a cuidar el planeta, a retribuir y a agradecer.

* * *

Durante el encierro total de la pandemia comencé los primeros contactos para llevar a cabo este proyecto, en busca de una serie de conversaciones que realmente mostraran una visión global de la problemática y de sus soluciones. No están todos los que debieron estar, ni representación de todos los continentes, pero las personas con las que alcancé a dialogar representan una visión internacional de la crisis planetaria, de la crisis climática y la crisis de nosotros mismos.

Fue una serie de conversaciones muy enriquecedoras, cada una con una visión muy distinta y especializada, y todas con un común denominador: una sincera preocupación por la emergencia planetaria y siempre pensando en las soluciones. Algo que me llamó la atención es la esperanza y el positivismo de cada uno frente a la situación actual. A continuación, relaciono los interlocutores de estas conversaciones:

1. **Carlos Nobre (CN)** (1951). Científico. Brasil. Premio nobel de Paz en 2010 como coautor del cuarto informe de evaluación del Panel Intergubernamental sobre el Cambio Climático (IPCC). Gran experto en la Amazonía y sus riesgos de sabanización.

2. **Christiana Figueres (CF)** (1956). Antropóloga, economista y diplomática. Costa Rica. Fue secretaria ejecutiva de la Convención Marco de las Naciones Unidas sobre el Cambio Climático. Uno de los 100 personajes más influyentes del mundo según la revista *Time*. Presidente del Acuerdo de París COP21. Coautora del libro *The Future We Choose*.

3. **Cristian Samper (CS)** (1965). Científico. Colombia-Estados Unidos. Director ejecutivo de Wildlife Conservation Society (WCS) y director del Bezos Earth Fund. Exdirector del Instituto Smithsonian.

4. **Fany Kuiru (FK)** (1962). Líder indígena huitoto. Amazonas, Colombia. Primera mujer coordinadora general de la Coordinadora de las Organizaciones Indígenas de la Cuenca Amazónica (COICA), que representa más de quinientos pueblos indígenas y más de once millones de personas de la cuenca amazónica en sus nueve países.

5. **Felipe Bayón (FB)** (1965). Empresario. Colombia. Expresidente de Ecopetrol, compañía de petróleos de Colombia.

6. **Johan Rockström (JR)** (1965). Científico. Suecia. Director adjunto del Instituto Potsdam para investigación sobre el cambio climático. Autor y creador de la teoría de los límites planetarios.

7. **M. Sanjayan (MS)** (1966). Científico. Sri Lanka. CEO ONG Conservation International. Uno de los 100 líderes mundiales en la materia en 2023 según la revista *Time* (Time100 Climate list).

8. **Mamo Kuncha Navingumu (MK)** (1944 aprox.). Mamo[3] y líder arhuaco. Colombia. Responsable de la *kankurwa* de Seykumuke.

---

3   Guía espiritual del pueblo arhuaco.

9. **Manuel Pulgar (MP)** (1962). Abogado en Derecho Ambiental. Perú. Exministro de Ambiente de Perú. Líder de la práctica global de clima y energía del World Wide Fund for Nature (WWF). Presidente de COP20 en Lima, Perú.

10. **Patricia Zurita (PZ)** (1972). Ambientalista. Ecuador. *Chief Strategy Officer* de Conservation International y exdirectora de la ONG Birdlife International.

11. **Paul Polman (PP)** (1956). Empresario. Holanda. Fue director ejecutivo (*CEO*) de Unilever de 2009 a 2019. Autor del libro *Net positive: cómo las empresas prosperan dando más de lo que reciben.*

12. **Sylvia Earle (SE)** (1935). Bióloga marina y exploradora. Estados Unidos. Primera científica jefe de la Administración Nacional Oceánica y Atmosférica. Primera heroína del Planeta según la revista *Time* en 1998. Una de las grandes expertas del mundo en océanos.

13. **Thomas Lovejoy (TL)** (1941-2021). Ecólogo. Estados Unidos. Murió en diciembre de 2021 (pocos meses después de la entrevista). Presidente del Amazon Biodiversity Center. *Chief Biodiversity Advisor* del Banco Mundial. *Senior Fellow* de United Nations Foundation. Creador del término *biodiversidad*, llamado el "padrino" de la biodiversidad.

14. **Vanessa Nakate (VN)** (1996). Activista. Uganda. Es una de las activistas de medio ambiente más reconocidas en la actualidad.

15. **Wade Davis (WD)** (1953). Antropólogo, etnobotánico y escritor. Canadá.

Luego de haber tenido estas enriquecedoras y variadas conversaciones, tuve la oportunidad de viajar a la Sierra Nevada de Santa Marta, en las cercanías de Nabusimake, su capital, "donde nace el Sol", a reunirme con representantes del pueblo arhuaco, en cabeza de Mamo Kuncha (**MK**), uno de los mamos más respetados y un gran líder espiritual y político de su comunidad.

Nabusimake es el pueblo sagrado de la comunidad indígena arhuaca, en la Sierra Nevada de Santa Marta, en el Caribe colombiano, a 2.200 metros sobre el nivel del mar. La Sierra Nevada de Santa Marta, cuyos picos nevados alcanzan los 5.775 metros de altura, es el hogar de cuatro pueblos indígenas colombianos: los arhuacos, los wiwas, los kankuamos y los koguis, alrededor de cien mil personas, de las cuales se estima que un poco más de la mitad son el pueblo arhuaco. La Sierra, en su mayoría, es un territorio protegido desde 1980 como resguardo indígena, con más de 600.000 hectáreas de extensión, en un país que ha sido ejemplo en protección, en el que más del 40 % de su territorio es protegido por distintas razones.

Cada comunidad habla su lengua, aunque se dice que el pueblo kankuamo ya perdió la suya. Los arhuacos han conservado el *ikun* con tradición. "Se pierde una lengua y se pierde todo: las raíces y el horizonte. Cuando uno pierde la lengua se pierde la identidad como arhuaco", me dijo Amado Villafañe, un amigo de hace años, con quien hemos mantenido una conversación a través del tiempo. Estuve en Nabusimake por primera vez en 2015, cuando hicimos el lanzamiento del documental *Colombia, magia salvaje*[4], en una *premiere* exclusiva para el pueblo arhuaco, en lo que ellos llaman *El Corazón del Mundo*. Llegaron cientos de indígenas de todas las edades, fascinados al ver la biodiversidad y la naturaleza, que observaban por primera vez no en vivo, sino a través de la pantalla grande.

A Nabusimake se debe llegar por tierra, una distancia corta, aunque el tiempo es largo y la incertidumbre también es permanente. Las vías, o trochas, son de alta dificultad para transitar, más en la época de invierno extremo, y es la manera como la comunidad ha logrado mantenerse en el tiempo; han podido conservar de forma voluntaria su independencia, su libertad en el mundo moderno y

---

4   Grupo Éxito, Ecoplanet, Colombia. (2020, 10 de septiembre). *Colombia, magia salvaje* [documental]. YouTube. https://www.youtube.com/watch?v=2oojLvuHAXo.

sus costumbres e idioma. Está la incertidumbre de las vías y también de la seguridad en zonas que son víctimas de los grupos armados en Colombia. A Mamo Kuncha, algunos "blancos" o "hermanos menores", como nos llaman a los no indígenas, le dicen de manera equivocada el "Filósofo de la Sierra". Mamo Kuncha tiene la responsabilidad de responder por el espacio *Seykumuke*, establecido desde el origen del paso de la oscuridad a la luz, un lugar sagrado para el pueblo arhuaco. "La palabra filósofo le queda corta. El *hermano menor* maneja información, no conocimiento. Sabe qué clima hará, pero no sabe cómo modificarlo", me explican. El motivo del viaje es para dialogar con mamo Kuncha sobre el origen del mundo y la crisis planetaria, desde su visión ancestral. Para complementar el conocimiento científico de estas conversaciones de carácter global con los grandes expertos —de última tecnología, con presupuestos robustos—, con este conocimiento ancestral de una comunidad que argumenta vivir en el "corazón del mundo", la Sierra Nevada de Santa Marta, y luchar por mantener la armonía planetaria. Para ellos, somos los hermanos menores y su labor es mantener y cuidar del planeta. Es preciso y necesario hablar con ellos sobre este proceso, en el que ya sabemos que debemos escucharnos todos.

Hay personas que tienen un impacto importante en nosotros. A Danilo Villafañe, una autoridad arhuaca (gobernador) y quien murió muy joven (48) en ejercicio de sus funciones, en diciembre de 2023, en una tragedia en el río Palomino, lo conocí hace un par de años, y en una amistad naciente tuve la oportunidad de escucharle reflexiones sobre la cosmogonía y el pensamiento arhuaco. Su pueblo perdió no solo un gran líder político, sino también una gran mente que planteaba reflexiones importantes sobre el rol de las culturas indígenas en nuestra época y sobre el cuidado del planeta. De Danilo aprendí sobre la "Ley de Origen", el mandato de la responsabilidad con la naturaleza y sobre el cual rigen sus vidas: cada arhuaco debe retribuir y reparar a la naturaleza.

Con mamo Kuncha la conversación no es fácil, por el idioma. He aprendido de los arhuacos la importancia de la palabra, de la escucha y de los silencios: un gran respeto por la voz y los pensamientos del otro. Luego del largo recorrido para llegar, caminamos hasta su casa, y sale a nuestro encuentro, descalzo y con una amable sonrisa de bienvenida, para recibirnos en su territorio, en su casa. Nos estaba esperando. En agradecimiento, le llevamos un mercado de granos, básicamente alimentos que no cultiva directamente en su tierra, algo de pescado, y unas buenas libras de hojas de *Ayu* (hojas de coca) que forman una parte importante de su cultura desde tiempos inmemoriales. Es un pequeño regalo para retribuirle por su trabajo como mamo y por recibirnos con generosidad. El escenario de la conversación es un campo abierto, bajo los árboles y con el sonido de los pájaros, en este *hotspot*[5] de la biodiversidad y con el sonido de un riachuelo que corre a pocos metros de distancia. Estamos en el "Corazón del Mundo", como nombran ellos a la Sierra Nevada de Santa Marta. Mamo Kuncha, a sus casi ochenta años, se mantuvo siempre firme en su decisión de no aprender español como signo de respeto a su cultura.

Narro esta historia del pueblo arhuaco y de la Sierra Nevada de Santa Marta para dar contexto y proponer al lector imaginar que se encuentra allí, en la exuberancia de la Sierra, bajo el techo de una maloca, sentado en el piso de tierra, rodeado de un grupo de personas nobles y amantes de la naturaleza, y que se disponen a tener una larga conversación, como la que estamos próximos a leer.

---

5   En la Sierra Nevada de Santa Marta se encuentran varios *hotspots* para avistamiento de aves. Colombia tiene un total de 1.966 especies de aves, que representan el 20 % de las aves del planeta.

¿Cómo leer este documento?

Le di muchas vueltas a la mejor forma de materializar este libro: tenía como insumo unas conversaciones extensas con grandes nombres de personas, realizadas durante un poco más de dos años. Cada uno muy reconocido en su profesión y su mundo; cada uno con una vida admirable y una lucha incansable por causas globales de interés común; cada uno con un propósito superior y unos grandes mensajes para transmitir. Lo más evidente y fácil era publicar las conversaciones individuales completas. Pero al mismo tiempo, la voz de todos crea un mensaje poderoso, más fuerte que la voz individual de cada uno. Me imaginaba a todos sentados en una mesa circular en una maloca con piso de tierra, bajo la selva en el Amazonas, o en una *kankurwa* en Nabusimake. Cada uno con sus aportes desde su experiencia personal y su conocimiento a esta gran causa en la que todos quieren encontrar un camino.

Me imaginaba poner a dialogar a un mamo arhuaco con un gran científico en los países nórdicos, y, a su vez, con un antropólogo en Canadá y con una indígena del Amazonas. Unas voces unidas en un documento, de un diálogo que difícilmente podría ser realizable en el mundo físico, y más en épocas de pandemia y cuarentenas. La idea original era hacer un documental con imágenes y música épica que mostrara un viaje desde Nabusimake hasta Naboba (laguna sagrada para el pueblo arhuaco, donde nace el agua, a 5.500 metros de altura, en la Sierra Nevada de Santa Marta, cerca del pico nevado Simón Bolívar), a caballo, durante varios días, en una conversación que creaba un diálogo entre los mamos más sabios y veteranos y estos grandes pensadores y científicos de escala mundial. Algo similar fue lo que terminó pasando, pero por escrito y sin el inolvidable viaje visual a la nevada de la Sierra.

Así, la decisión fue crear este documento de memoria oral, con múltiples voces, cada una con el mismo peso y la misma visibilidad, y por ello los mensajes de cada uno son diferenciados con iniciales al principio de cada intervención. Como dije, haber hecho un libro de entrevistas, con tantos capítulos como el número de entrevistas, era muy tentador, en el cual se lograra conocer la mente y forma de pensar de cada uno, pero hubiera sido un libro más de entrevistas, y más sobre los personajes que sobre la causa. Y en este caso, la idea era poder comunicar sobre la causa a través de unas voces autorizadas y muy distintas entre sí. Fue un trabajo de carpintería, de filigrana, de armar un rompecabezas de pensamientos para contar una historia: era como crear el guion de una película, solamente que esta vez sería en texto. Ahora me imagino una obra de teatro, bajo una maloca, donde cada voz representa un mensaje poderoso. Un mensaje fundamental: escuchar a todos. Si algo me queda de estas reflexiones, es el positivismo que cada uno tiene sobre la crisis planetaria, que contrasta con el negativismo de tantos otros.

El libro se puede leer de corrido, como una gran conversación que sucede en diferentes partes del mundo. Se puede leer por capítulos, o se puede leer incluso en desorden. Algunos lectores podrán memorizar las iniciales y al leer cada párrafo saber quién lo está diciendo; otros, cuando quieran saber quién habló, podrán recurrir al índice para recordar qué iniciales corresponden a cada representante del planeta.

El interés final era poder transmitir el mismo peso de cada una de las voces y, de alguna manera, contar una historia a través de pensamientos y reflexiones en los que el mensaje fuera más grande, con el mismo objetivo que ellos mismos expresan: escucharnos todos.

Este libro no fue concebido como un documento académico o un documento diseñado especialmente para expertos en la materia. Por el contrario, su estructura está pensada de la misma manera como sucedieron los diálogos para mí, un proceso de aprendizaje de alguien interesado en el tema, pero de ninguna manera un experto. Es un documento para el público en general, con el objetivo de masificar un conocimiento, lecciones y aprendizajes para que personas del común y sus familias puedan entender sobre una temática muy actual de la que tanto escuchan, pero casi siempre de una manera fatalista. Esta vez, vista de una manera optimista, sin amarillismo y con soluciones a la mano de todos.

I

LA PANDEMIA

Quisiera comenzar estas conversaciones con un tema que nos ha marcado a todos en tiempos recientes y que sirve como introducción para hablar de la crisis planetaria: la pandemia de COVID-19. Nos tomó a todos por sorpresa, y por unos meses frenó en seco al planeta y sus economías. Quisiera conocer sus reflexiones y qué lecciones quedan para lo que hoy han denominado la Emergencia planetaria, *que habla del cambio climático, de la pérdida de biodiversidad y de los temas humanos y éticos alrededor de ello. ¿Qué lecciones deja la pandemia?*

MP. La pandemia nos ha dicho que la única manera de mover el planeta hacia un futuro sostenible es uniendo los objetivos del clima, la naturaleza, la salud y la economía.

TL. Tenemos 8.000 millones de mamíferos de tamaño mediano llamados personas, todo este comercio de vida silvestre, estos mercados de vida silvestre y las incursiones en la naturaleza…. No es una sorpresa, pero todo el mundo estaba un poco dormido.

Sobre la pandemia, la verdadera pregunta es, ¿la memoria será corta? ¿Volveremos a pensar que esto nunca volverá a suceder? Eso sería un gran error, un error muy grande. El costo de monitorear y reducir la probabilidad de que suceda de nuevo es dos órdenes de magnitud menor que el costo de esta pandemia. Atender la pandemia es entre cien y mil veces más costoso de lo que habría sido la prevención.

PZ. La pandemia nos muestra que cuando trabajamos juntos y cuando hay voluntad política, las cosas pueden suceder. La prueba es el desarrollo de la vacuna, pero también la gestión de la pandemia. En el momento en que hay voluntad política, las cosas suceden.

MP. Esta pandemia nos ha demostrado que no tenemos la solidaridad necesaria para abordar una crisis planetaria; y eso debería cambiar si estamos planeando abordar de una manera más efectiva la crisis climática, porque la distribución injusta de vacunas nos ha demostrado esa falta de solidaridad. Hay más de 100 países, 130, que, para hoy, finales de marzo de 2021, aún no han puesto una sola inyección de la vacuna a su población, y el 75 % de todas las vacunas disponibles del mundo han sido tomadas por los países más grandes o desarrollados.

Estamos acostumbrados a pensar que la ciencia es algo conceptual y a nadie le importa lo que dice. Pero ahora tenemos la demanda de una ciencia que podría ayudarnos a superar esta enfermedad, y nos ha traído vacunas en un tiempo más rápido que el que hemos tenido en el pasado, por lo que la ciencia es un elemento clave para la pandemia y podría aplicarse para el cambio climático

TL. Jorge Boshell[6], en la década de 1940, fue director del famoso laboratorio de Villavicencio, y fue la persona que resolvió el enigma de la fiebre amarilla selvática. Hay dos ciclos de fiebre amarilla: está esencialmente el ciclo urbano, con *el Aedes aegypti*, que es básicamente un mosquito al que solo le gusta vivir cerca de la gente, y si controlas los criaderos, puedes controlar los incidentes. Pero también hay un

6   Médico colombiano (1903-1976).

ciclo en el bosque, que si se moviera, un montón de monos morirían y caerían en el suelo de la selva tropical y el virus seguiría adelante. Entonces nadie podría imaginar cómo ocasionalmente una persona saldría del bosque con un caso de fiebre amarilla. Es esencialmente el mismo virus; es solo un ciclo diferente. Un día, Jorge estaba viendo a unos leñadores derribar un árbol y de repente se encontraron rodeados de pequeños mosquitos azules del género *Haemagogus*, que transmite la fiebre amarilla. Y escribió sobre esto; está en el *Journal of Epidemiology*, en 1944. Así que es una especie de metáfora definitiva sobre perturbar el medio ambiente y tener entonces las consecuencias de una enfermedad.

MS. La destrucción de la naturaleza hace dos cosas: permite que estos patógenos escapen y pone a los humanos en estrecho contacto con la vida silvestre, a menudo en entornos muy poco saludables, donde el equilibrio de la naturaleza ha cambiado. La forma más rentable de reducir el riesgo de una futura pandemia es asegurarse de que los bosques, particularmente los bosques tropicales, y los ecosistemas saludables estén protegidos.

Al proteger los bosques tropicales podemos reducir la posibilidad de una futura pandemia en un 20 % o 30 %. Si piensas en el impacto paralizante que ha tenido esta pandemia, así como otras, como el SARS o el ébola, ese es un pequeño precio por pagar.

Creo que el desafío masivo con nosotros mismos es el siguiente: a pesar de que podemos alimentar al planeta con la tierra que tenemos disponible hoy, a pesar de que sabemos muy bien que los bosques son la mejor reserva de carbono, a pesar de que sabemos que cada pandemia que los humanos realmente han enfrentado proviene de la naturaleza, a menudo desde sistemas tropicales, seguimos destruyendo lugares como el Amazonas, la cuenca del Congo, los bosques del sudeste asiático, y eso tan miope es casi increíble. ¿Cómo es que en un momento en que usted y yo podemos conectarnos de esta manera virtual[7] a través de literalmente miles de millas, que estamos contemplando poner a una persona en Marte, todavía promovemos destruir la naturaleza intacta, algo que ha evolucionado allí durante millones de años, para un beneficio a muy corto plazo, para un número muy reducido de personas, y arriesgar literalmente nuestro futuro colectivo?

LOS SÍNTOMAS

Es muy interesante poner sobre la mesa el tema del sueño de la humanidad de llevar a un ser humano a la superficie de Marte, teniendo acá todo en nuestro planeta, y que hablemos de un futuro colectivo. Hay una frase de Séneca en su texto Sobre la brevedad de la vida, *escrito hace más de dos mil años y siempre vigente: "La vejez los sorprende cuando sus mentes todavía son infantiles, y llegan a ella sin preparación y sin armas, porque no han hecho provisión para ella; se han tropezado con ella de repente e inesperadamente, no se dieron cuenta de que se acercaba día a día". Aunque lo vivimos y sentimos cada uno de nosotros en ese día a día, quisiera preguntarles qué está sucediendo con nuestro planeta... Cuando yo era niño recuerdo en casa de mis abuelos, en Medellín, que pasaba un pequeño riachuelo, al que íbamos con baldes a pescar pequeños* guppies, *unos pececillos de colores fluorescentes. Luego los regresábamos al agua, y eso era para nosotros niños una actividad fascinante, al igual que trepar a árboles frutales o jugar al escondite entre la exuberancia de la naturaleza de esa ciudad que llaman de la "Eterna Primavera". Hoy eso ya es cada vez más escaso y los* guppies *de aquel lugar ya no existen. Esto lo menciono para enmarcar el debate de lo que*

---

7   Estas entrevistas fueron llevadas a cabo de manera virtual por varias razones: primero, comenzaron en el encierro de la pandemia; segundo, la pandemia aceleró las tecnologías para conectarnos virtualmente en video y, tercero, el objetivo era no generar contaminación a través de los viajes aéreos.

está sucediendo con nuestro planeta, algo que ya todos sentimos y vemos en las temperaturas, en los hechos climáticos y, sin duda, en las noticias.

WD. ¿Qué es la vida sino una historia? Perdemos el poder de comprender a medida que envejecemos. ¿Qué es más horrible que una figura querida como Gabo[8] diciendo "El río Magdalena[9] era hermoso cuando yo era joven, y ahora está completamente destruido", cuando la verdad es que el río Magdalena ha corrido por millones de años, y correrá por millones de años más?

CS. Yo crecí en Colombia. Cuando era niño, solía ir de excursión a los Andes e ir a lugares como la Sierra Nevada del Cocuy[10] y mirar los glaciares allí. Si voy ahora, solo veinte o treinta años después, la mayoría de esos glaciares se han ido; han desaparecido. Es innegable.

CF. 2023 fue un año de temperaturas globales exacerbadas. Lo fueron por dos razones. La primera, porque la continua acumulación de gases de efecto invernadero[11] en la atmósfera —que es lo que provoca el cambio climático— no ha dejado de aumentar. Todavía estamos en un mundo de emisiones crecientes. Y la segunda, porque en 2023 fuimos golpeados por el fenómeno de El Niño, que siempre exacerba las temperaturas. Así que la combinación de esos dos hechos, uno un efecto a largo plazo y el otro un evento cíclico —el fenómeno de El Niño es un evento cíclico—, significó que experimentáramos temperaturas globales que no se habían visto en este

---

8   Gabriel García Márquez, "Gabo", (1927-2014), escritor y periodista colombiano. Premio nobel de Literatura en 1982. Autor de *Cien años de soledad*.

9   El río Magdalena es el principal cuerpo de agua de Colombia, con 1.540 kilómetros de longitud. Nace en el departamento del Huila y desemboca en el mar Caribe. Wade Davis escribió un libro llamado *Magdalena*.

10   La Sierra Nevada del Cocuy es uno de los 59 parques nacionales de Colombia. Tiene 306.000 hectáreas y 5.410 metros de altura.

11   Los gases de efecto invernadero (GEI) son el vapor de agua (H_2O), el dióxido de carbono (CO_2), el óxido nitroso (N_2O), el metano (CH_4) y el ozono (O_3). Retienen y aumentan el calor de la atmósfera.

planeta en 120.000 años. Eso es algo que los científicos no podrían haber predicho hace diez o veinte años.

Estamos sometidos a temperaturas oceánicas y procesos de acidificación de los océanos sin precedentes; a deshielos polares sin antecedentes, sequías, inundaciones, incendios forestales, huracanes frecuentes y de diversa intensidad. Todos los impactos del cambio climático que conocemos desde hace tantos años, pero que ahora nos golpean más profundamente y con mayor frecuencia.

CS. Lo que está sucediendo en el ámbito global es que estamos viendo grandes cambios. Los extremos de estas cosas son cada vez más agudos: vemos que la intensidad y la frecuencia de las tormentas cambian, que se modifican los patrones de lluvia y precipitación, que los casquetes polares se derriten, que partes del África sahariana se secan. Vemos que todos estos cambios suceden y que la frecuencia, la intensidad y la magnitud de estos cambios se están acelerando. El mundo está cambiando cada vez más rápido y, junto con eso, nuestras posibilidades humanas están siendo desafiadas. Tenemos la posibilidad de adaptarnos: somos afortunados como especie de tener muchas herramientas y somos una especie altamente adaptable.

JR. Solo desde 1970 —desde 1970 hasta hoy, durante tu vida y la mía— hemos perdido casi el 70 % de las poblaciones de vida silvestre en el planeta Tierra. Hemos transformado el 50 % de toda la superficie terrestre, desde ecosistemas naturales hasta ciudades, carreteras y agricultura. Hemos llevado el sistema climático a un punto en el que no ha estado en términos de concentración de gases de efecto invernadero durante los últimos cinco millones de años. Muy pronto pasaremos a una temperatura media global que no hemos visto en los últimos tres millones de años. Nos estamos comprometiendo con un aumento en el nivel del mar una vez el planeta alcance su nuevo estado de equilibrio, que no hemos visto en al menos 200.000 años. Estamos realizando este megaexperimento en el planeta, en el que por primera vez tenemos que reconocer el riesgo real de nosotros, humanos de esta generación, de desestabilizar todo el planeta, de empujarlo fuera del estado de equilibrio que hemos tenido desde que nació la civilización, hace unos diez mil años.

CF. Nos estamos moviendo en la dirección de un rebasamiento que es temporal, pero de frecuencia creciente a lo largo de los años. Si seguimos emitiendo de la manera como lo hemos estado haciendo, eso tiene repercusiones de gran alcance en la salud humana, en la seguridad alimentaria, en la gestión del agua y, por supuesto, en la biodiversidad, ya sea terrestre u oceánica. Así que estamos casi al borde de haber desatado una cascada de puntos de inflexión[12] que se irán desencadenando uno tras otro y que serán irreversibles.

MP. Ya hemos elevado la temperatura, en comparación con lo que teníamos antes del inicio de la Revolución Industrial[13] y el uso de combustibles fósiles, en 1,1 °C, y estamos sufriendo consecuencias del cambio climático a pesar de que todavía estamos solo en 1,1 °C de incremento. Así que sabemos lo que significa cada punto, cada décima de este número, en el sentido de las consecuencias. Por eso, la ciencia ha definido que la temperatura no debe excederse en más de 1,5 °C.

CF. Las temperaturas globales que estamos viendo ahora, y que se prevé que continúen aumentando en los próximos años, significan que existe una probabilidad cada vez mayor de que la temperatura media anual de la superficie durante los próximos cinco años sea

---

12   Puntos de inflexión globales *(tipping points)*. Entre ellos: el hielo marino ártico, la capa de hielo de Groenlandia, Antártida occidental y Antártida oriental, los bosques boreales, el permafrost, el sistema de circulación del vuelco meridional del Atlántico, la selva amazónica y los corales tropicales. Fuente: Johan Rockström, Stockholm Resilience Center.

13   Fue el proceso de transformación económica, social y tecnológica que inició en Gran Bretaña en la segunda mitad del siglo XVIII y culminó hacia 1850. Fue el paso de una economía rural y de agricultura a una economía urbana e industrializada. Es el mayor cambio económico y tecnológico de la historia de la humanidad.

más de 1,5 °C por encima de los niveles preindustriales durante al menos un año.

CS. Hemos transformado aproximadamente dos tercios de la superficie del planeta a través de nuestra industria y agricultura y muchos otros temas. Hemos contaminado la atmósfera. Hemos generado gases de efecto invernadero a un nivel que no se ha visto en al menos 800.000 años.

Es un momento en el que necesitamos despertar; es un momento en el que debemos darnos cuenta de que no solo estamos poniendo en peligro la vida en la Tierra y la de esos otros diez millones de especies con las que compartimos el planeta, sino que también estamos poniendo en peligro nuestra propia existencia y el bienestar de los 8.000 millones de personas que viven hoy, y de las generaciones futuras. Así que este es el momento, esta es la generación que necesitamos cambiar. Necesitamos pensar y repensar la forma en que nosotros, como especie, interactuamos con este planeta, nuestro modelo de desarrollo. Necesitamos construir juntos un futuro más sostenible.

El mundo enfrenta hoy tres grandes crisis. Ellas son la pérdida de biodiversidad, el cambio climático y la pandemia[14]. Todas están interrelacionadas con muchas de las mismas causas y soluciones, y debemos reconocer estas sinergias y encontrar soluciones de beneficio mutuo.

La sexta extinción[15] está ocurriendo en este momento. Desde que hemos documentado la tasa de cambio, y la velocidad con la que está sucediendo, es cada vez mayor. Así que el número de especies que perderemos probablemente se acelerará con el tiempo. No creo

---

14 Varias de estas entrevistas fueron realizadas durante la pandemia de COVID-19, entre 2020 y 2023.

15 El planeta ha experimentado cinco extinciones masivas. Se habla de que estamos viviendo la sexta, en la que hay un alto porcentaje de desaparición de especies en un corto periodo.

que sea un problema solo en el futuro. Se está desarrollando justo ante nosotros.

Como humanos, transformamos fundamentalmente tres cuartas partes de la superficie terrestre del planeta. Para el océano es un poco más difícil de valorar, pero en realidad sospecho que el impacto es aún mayor. He visto algunas cifras que estiman que probablemente ya hemos transformado alrededor del 90 % del océano, a través de la pesca, y si se tiene en cuenta la acidificación y otros, será mayor.

Solo el 23 % de la superficie terrestre del planeta es en realidad lo que llamaríamos salvaje, lo que significa que aún está relativamente prístina.

Como especie, nuestra huella humana es enorme, y la mayor parte de ese cambio ha ocurrido en los últimos cincuenta años. Y la mayoría de los problemas restantes sucederán si continuamos en esta trayectoria. Durante los próximos cincuenta años, básicamente no quedará nada.

Lo que intranquiliza es que probablemente perdimos alrededor de dos tercios de los animales salvajes en el transcurso de nuestras vidas; de los animales reales, la biomasa. Y eso es preocupante. Lo estamos viendo. Está el número de aves migratorias, por ejemplo; las poblaciones se han desplomado.

FK. El problema del calentamiento global, como dicen los expertos, es demasiado preocupante; incluso para nosotros, los que vivimos y dependemos de la selva, que dependemos de la sombra y el aire limpio que nos dan los árboles. Pero hoy es demasiado preocupante: el calor es insoportable, ya no puede ir uno a los cultivos, y lo que se cultiva se muere inmediatamente; ya no se pueden trasplantar maticas, como hacían antes las abuelas, que recogían plántulas de un lado y las sembraban en la chagra. Hoy en día es imposible, se mueren inmediatamente. Entonces, ¿cómo nos estamos viendo afectados? No solo la vida humana, sino también la biodiversidad, nuestra fauna y flora de los territorios.

MP. Estamos viviendo en un momento de crisis. Todo el mundo sabe que estamos en una crisis, que también podemos llamar *emergencia*. Pero, lamentablemente, el planeta no ha asumido ya acciones, obligaciones e iniciativas acordes al nivel de la emergencia. Ese es un elemento clave.

Lo primero para abordar una crisis o una emergencia es reconocer que existe. Si no somos capaces de entender que estamos viviendo en un momento de emergencia y crisis, no adoptaremos las acciones necesarias para abordarlo.

¿DE DÓNDE VENIMOS?

Debemos entonces primero reconocer que hay una crisis, una emergencia, aceptarla, para poder adoptar las acciones para solucionarla. Es un paso que muchas veces aún falta, aunque ya es difícil negar la crisis climática, que es tan evidente. Me gusta mucho la reflexión de lo diminutos que somos en el universo, ese pequeño puntico que se ve en el infinito, en conjunto con millones de otros punticos, y esa es nuestra casa, la Tierra. Impresiona vernos así de pequeños, y pensar en lo corta que es nuestra existencia como especie dentro de la historia del planeta. Somos una especie nueva, en un planeta frágil y que está cambiando de manera acelerada. ¿No lo hemos entendido?

SE. ¿Qué parte de mirar la red de la vida no podemos aprender y poner en nuestras mentes como el marco para mantenernos vivos? Los astronautas lo entienden: cuidas tu sistema de soporte vital; si estás en un ambiente hostil en el espacio, quieres saber de dónde viene el oxígeno. Tenemos nuestro pequeño paquete de oxígeno y nos encargamos de ello. Nuestra vida depende de ello. Aquí en la Tierra estamos en una nave espacial. Todos estamos en esta pequeña isla llamada Tierra, y más allá de nuestra atmósfera, es realmente hostil.

CS. Comenzamos a discutir sobre el ambientalismo y nuestro planeta por primera vez cuando, como humanos, vimos el planeta en 1968 con el Apolo 8.

Vivimos en un planeta muy singular. La atmósfera es la que nos protege de los rayos solares y otros elementos, y calienta el planeta. Básicamente, la vida en la Tierra no habría existido si no fuera por ese velo muy delgado que la cubre; es el que sostiene la vida aquí.

Nosotros, como humanos, compartimos un hogar, este planeta, que tiene unos 4.500 millones de años.

Nuestra propia historia como especie, como humanos, se ha desarrollado en solo los últimos 250.000 años. Y el hecho es que hoy compartimos este planeta con unos diez millones de otras especies.

Nunca hemos visto en los últimos 800.000 años, que es desde cuando tenemos un registro bastante bueno, un cambio tan rápido en términos del clima. Y claramente, como lo vemos, la mayor parte de ese cambio ha ocurrido en los últimos cien años. Que coincide con la Revolución Industrial y algunos de los cambios que hicimos, principalmente la quema de combustibles fósiles, la deforestación y la transformación de algunos de estos lugares.

El Antropoceno

Un gran cambio en esos últimos cien años. Abruma pensar que en esos 4.500 millones de años del planeta, esta es la primera vez que una especie, el ser humano, tiene la capacidad de transformarlo. Es lo que llaman el Antropoceno, un término que cada vez escuchamos más. Sin embargo, el Holoceno ha sido muy corto y es el que ha permitido a nuestra especie desarrollarse en todo su potencial. ¿Qué es eso que llaman el Antropoceno?

TL. En 1896 el científico sueco Arrhenius[16] publicó un artículo en el que intentaba responder por qué la Tierra tiene una temperatura habitable para los seres humanos y otros organismos. ¿Por qué es habitable el planeta a esa temperatura? ¿Por qué no es demasiado fría la temperatura? La respuesta identificó al CO_2 como un gas de efecto invernadero, que le daba una temperatura habitable. Eso fue en 1896, y básicamente ese es el corazón de la ciencia del clima.

CS. Hay un claro consenso entre la comunidad científica de que el cambio climático que estamos experimentando es el costo principalmente, y casi en su totalidad, de los humanos por nuestro propio modelo actual de desarrollo.

Estamos en las primeras etapas de nuestra historia como especie en este planeta y, sin embargo, hemos tenido un gran impacto en él, que es lo extraordinario. Ninguna otra especie ha tenido un impacto tan profundo en otras especies y en el planeta.

Lo que estamos haciendo ahora es cambiar fundamentalmente este planeta para el próximo millón de años.

JR. Hoy tenemos respaldo científico inequívoco sobre los últimos cincuenta años. Hemos impactado tanto a todo el planeta que incluso hemos entrado en una época geológica completamente nueva, el Antropoceno.

CS. El concepto del Antropoceno se introdujo para reflejar cómo nosotros, como humanos, fundamentalmente estamos dándole forma a la manera como existe el planeta.

Esto significa que, en el futuro, alguien que regrese y mire este momento en la Tierra realmente podría ver nuestra huella humana en el registro fósil. El término *Antropoceno* fue diseñado específicamente a partir de mirar a los humanos y la era humana y su impacto en el planeta.

16   Svante August Arrhenius. Científico sueco. Premio nobel de Química en 1903.

WD. El término *Antropoceno* no necesariamente debería dejarnos temblando de miedo o aterrorizarnos. Es simplemente una declaración del hecho de que, para bien o para mal, los seres humanos se han vuelto muy dominantes; nuestra tecnología es tan poderosa que nos hemos convertido, en cierto sentido, en un organismo mental capaz de tener impactos en la geología y la biología del planeta, a escala global, y eso nunca antes había sucedido en nuestra corta historia como especie.

SE. En general, ¿cuáles son los problemas que los humanos están causando? Es lo que ponemos en el océano y también lo que sacamos de él. Estamos interrumpiendo la armonía de los sistemas que han tardado mucho tiempo en desarrollarse, de un planeta que nos es favorable.

Sabemos que estos no son impactos naturales; son impactos causados por una especie. Mírate en el espejo: somos el agente del cambio. Mírate en el espejo: podemos cambiar nuestras costumbres para estabilizar la forma como funciona el mundo.

JR. Los últimos doce mil años, el Holoceno, han sido un cálido y estable Jardín del Edén. Eso es lo que yo llamo el Jardín del Edén, porque sabemos científicamente que durante este periodo de doce mil años la temperatura media global en la Tierra —que determina cómo se ve la naturaleza y qué lluvia tenemos, cómo se comportan los océanos, cómo se comporta el hielo, el aumento del nivel del mar— se ha mantenido dentro de más o menos 1 °C. ¿Te imaginas? Solo un grado más arriba o abajo.

Solo cuando entramos en este Jardín del Edén comenzamos a establecernos como comunidades; empezamos a generar aldeas, ciudades, tecnología y desarrollo tal como lo conocemos hoy.

El Holoceno es un estado de equilibrio. ¿Hay otros estados de equilibrio? Sí. Conocemos cuatro estados de equilibrio del planeta. Uno es el estado de tipo Holoceno, lo que podemos llamar el estado interglaciar. Es un estado cálido, bastante corto; algo así como quince a treinta mil años de duración. Sabemos de seis a ocho estados de este tipo en el último millón de años.

Otro estado es la edad de hielo profunda. Es entonces cuando tienes grandes partes del hemisferio norte y del hemisferio sur cubiertas de hielo permanente. Entonces el planeta se vuelve tan blanco y refleja tanta luz solar al espacio que desemboca en un mundo de −4 a −6 °C más frío que hoy.

Luego tienes el tercer estado, el extremadamente frío, que se llama la Tierra Bola de Nieve. La Tierra Bola de Nieve no ha sucedido en los últimos cien millones de años; solo tenemos evidencia de que hace más de cien millones de años hubo un momento en el que todo el planeta se cubrió de hielo y nieve.

El cuarto estado es el que ahora tememos, y ese es el invernadero. La única forma de llegar allí es si volcamos una taza interglaciar y la doblamos sobre el precipicio, y luego la biología y la física en la Tierra comienzan a reforzar el calentamiento, de modo que derivamos hacia un planeta 4, 5, 6, 7 °C más cálido y todo el hielo se derrite. Terminamos así en un planeta tropical; y la última vez que tuvimos un planeta invernadero fue hace aproximadamente 60 millones de años. Fue entonces cuando hubo dinosaurios en el planeta.

El Holoceno es este interglaciar extraordinariamente estable. Mencioné que hemos tenido de seis a ocho anteriormente, y todos han sido durante los últimos tres millones de años. Así ha sido el planeta: hace 50, 60 millones de años, era una Tierra caliente; hace cien millones de años era una bola de nieve. Pero esos estados del planeta son muy diferentes, en el sentido de que el planeta era muy diferente al de hoy, porque fueron antes de que tuviéramos una atmósfera funcional, un ciclo lógico funcional, continentes distribuidos y ubicados como los conocemos hoy. Solo en los últimos tres millones de años, en el Pleistoceno y el Holoceno, hemos tenido un planeta que se ha visto más o menos como lo conocemos hoy, con los continentes, los océanos y la atmósfera.

Si no tuviéramos el efecto de los gases de efecto invernadero, si no tuviéramos vapor de agua y dióxido de carbono en la atmósfera, entonces en nuestro planeta no sería posible vivir. Gracias a los gases de efecto invernadero podemos vivir en el planeta Tierra, porque con ellos en la atmósfera, una cierta porción de la radiación de calor de onda larga —que necesariamente tiene que reflejarse de vuelta en el espacio; de lo contrario, el planeta herviría— es capturada y hace posible que vivamos en la Tierra. Sin el efecto natural de los gases de efecto invernadero, tendríamos un planeta con una temperatura media de −14 °C. Y esto significaría que no se podría sobrevivir; sería un planeta muerto. Gracias a la composición de las moléculas que atrapan el calor en la atmósfera, completamente naturales, la temperatura media en la Tierra es de 14 °C, de manera que con solo la existencia natural de 280 ppm[17] de dióxido de carbono y una cantidad muy limitada de algunos otros gases de efecto invernadero y una porción bastante significativa de vapor de agua, que también es gas de efecto invernadero, elevamos las temperaturas de −14 a +14 °C.

Hoy sabemos que el ciclo límite para estos tres millones de años es que el interglaciar más cálido se ha mantenido por debajo de 2 °C, y la edad de hielo más fría es de aproximadamente −6 °C, en comparación con la temperatura promedio preindustrial. Entonces, bajas 4 °C de la temperatura preindustrial, y de hecho estás en la edad de hielo; y subes 2 °C y estás en el punto más cálido de los últimos tres millones de años.

CS. Hay muchas cosas que no entendemos completamente, pero sabemos que han sido periodos en los que hemos tenido selva tropical en el Polo Norte; zonas calientes realmente cálidas. Sabemos que han sido periodos glaciales tan recientes como hace diez mil años, cuando los glaciares cubrían la ciudad de Nueva York, donde estoy sentado

---

17   Partes por millón. Unidad de medida para medir la concentración. En 2023 se fijó un nuevo récord con 419,3 ppm en la atmósfera.

en este momento. Así que ha habido variaciones importantes, y el clima siempre ha cambiado ahí afuera. Pero lo que sabemos es que la tasa de cambio y la magnitud que hemos visto es muy rápida en los últimos cien años, y es más rápida que cualquier cosa que hayamos visto en los últimos 800.000 años.

Parte de esto tiene que ver con lo que llamamos los *gases de efecto invernadero*, mientras que el principal gas de efecto invernadero —no el único— es el dióxido de carbono. También tenemos metano y otros que son críticos, pero aproximadamente las dos terceras partes de los gases de efecto invernadero son CO_2. Y lo que sabemos es que la concentración de CO_2 en la atmósfera ha aumentado constantemente en los últimos cien años. Curiosamente, solo llegamos a entender eso en nuestra vida, en los últimos cincuenta, incluso, en los últimos treinta años.

Aproximadamente una tercera parte de las emisiones de CO_2 en el planeta está directamente relacionada con la naturaleza y con la transformación de los sistemas y problemas de la Tierra.

JR. El Holoceno es esta copa extraordinariamente estable, donde el planeta se ha mantenido en ±1 °C, y, como lo mencioné, una razón es que el océano, la tierra y el hielo nos han ayudado a enfriar el planeta; entonces, a pesar de que tenemos perturbaciones, incluso por la quema humana de combustibles fósiles, el planeta ha podido recuperarse y luego mantenerse muy estable dentro de ese rango. Pero sabemos que si perdemos esa capacidad, entonces el hielo, los océanos y la tierra mismos pueden elevar mucho las temperaturas, y eso nos sacaría de ese rango del Holoceno.

La ciencia aún nos dice que el planeta sigue comportándose como el Jardín del Edén, todavía se comporta como lo ha hecho en los últimos doce mil años; pero nos estamos acercando rápidamente al borde del acantilado. Y si pasamos el borde del acantilado, lo que sucede entonces no es que el planeta caiga de la noche a la mañana en el abismo. Lo que pasa es que cruzas ese punto del acantilado y empiezas a derivar, y la deriva es imparable.

Son fundamentales la química y la física básicas para entender que si sabemos que los gases de efecto invernadero hacen posible vivir en la Tierra porque elevan las temperaturas en 28 °C, no es tan sorprendente que si se añaden más gases de efecto invernadero, las temperaturas subirán más. Es bastante obvio.

Significa que el océano, el permafrost y los ecosistemas liberan carbono y el hielo se derrite. Y sabemos por la física que todos esos procesos calentarían el planeta.

CS. Lo que no apreciamos completamente es que hoy estamos viviendo en la sexta extinción, una gran extinción, y eso es parte de lo que algunas personas han llamado ahora el Antropoceno. Ese es el momento en el que nosotros, como humanos, hemos transformado el planeta.

La mayor extinción que hemos registrado hasta ahora es la llamada extinción del Triásico Pérmico, cuando la mayor parte de la vida estaba en el océano, y lo que sabemos es que alrededor del 95 % de todas las especies vivas se extinguió. Quizás la extinción más famosa es la del Jurásico, cuando los dinosaurios se extinguieron.

CF. Lo que tenemos que entender es que el fin del Jardín del Edén significa que ya no tenemos el punto óptimo de condiciones para la propagación humana y para la biodiversidad en todas sus formas; para la red de la vida. Ya no tenemos las condiciones naturales para la próspera red de vida que teníamos bajo el Holoceno. Pero —y esto es lo importante— el final del Jardín del Edén significa que hemos llegado al momento de la elección. Es la más importante que la humanidad ha hecho jamás, porque ahora mismo estamos en lo que los científicos reconocen como la década decisiva.

Así que tenemos que elegir entre las que yo llamaría dos puertas. Puerta 1: seguimos emitiendo de la forma como lo hemos estado haciendo, y entonces para 2030 habremos comprometido a todas las generaciones futuras con un mundo de destrucción física y de biodiversidad cada vez mayor y de miseria humana indecible.

También tenemos a nuestra disposición la puerta 2. Este es el momento de la elección; estamos eligiendo entre la puerta 1 y la 2. Esta última significaría que somos capaces de reducir nuestro nivel actual de emisiones globales de gases de efecto invernadero a la mitad de donde están ahora mismo; y si lo hacemos posible, en 2030 entraríamos por la puerta 2, que es un portal a un mundo mucho mejor que el mundo en el que estamos ahora, porque es un mundo más sano, menos contaminado, más estable, más justo, más seguro.

Si empezamos a desencadenar este conjunto de puntos de inflexión en cascada, entonces eso va a ser irreversible. Ese escenario es el que Johan Rockström o David Attenborough están llamando el advenimiento del Antropoceno, la era geológica en la que nos encontramos; el fin del Jardín del Edén.

JR. Ahora sabemos que dependemos del Holoceno, del Jardín del Edén, y nos estamos empujando por el acantilado hacia el Antropoceno.

Los próximos cincuenta años determinarán si el Antropoceno pasa de ser una tremenda presión a convertirse en un nuevo estado. Todavía no es un estado nuevo; todavía nos hallamos en un estado interglaciar del Holoceno, pero el riesgo es que el Antropoceno se convierta en un estado, lo cual solo puede suceder una vez crucemos la punta del acantilado desconocido.

El Antropoceno hasta ahora es una presión, y —yo diría— la mayor tarea de la humanidad es evitar que el Antropoceno se convierta en un nuevo estado.

La NEGACIÓN

¡Evitar que el Antropoceno se convierta en un nuevo estado! Me llega mucho también ese término de Jardín del Edén, pensar en el planeta y en esta época como tal. Y que tenemos entonces dos puertas para decidir: la primera es

seguir como venimos, del Jardín del Edén a otro estado, o la segunda, que es reducir sustancialmente nuestro nivel de emisiones y lograr mantenernos en el Jardín del Edén. Y eso requiere compromiso y entender el problema. Frente a eso, en mi círculo cercano aún encuentro personas estudiadas y cultas que persisten en negar el cambio climático. Me he cuestionado en cómo debatirles sin entrar en conflicto en un tema que, perjudicialmente para esta causa común, se ha vuelto de banderas políticas. Si solo uno de ellos lograra cambiar su percepción y entender que así como ha estado en nuestras manos crearlo también está en nuestras manos solucionarlo y que hay esperanza, ya este libro cumplió su objetivo. ¿Cómo explicarle estos temas a un negacionista?

CS. Solo digo "mira a tu alrededor, mira el planeta, mira las cosas que están sucediendo incluso en nuestras vidas". Es muy difícil negar que el cambio climático está sucediendo. Se puede debatir cuáles son las causas y soluciones del cambio climático, pero creo ciertamente, como la comunidad científica, que está claro que el cambio climático es un hecho.

WD. No importa si eliges anunciar, celebrar o incluso denigrar de un sistema de creencias; nunca puedes negarlas, porque lo que están diciendo es exactamente lo que la ciencia ha confirmado en efecto.

VN. Te das cuenta de que cuando estás en tu pequeña caja, en la todo gira alrededor tuyo y de tu familia, es posible que no veas lo que sucede más allá de tu casa o más allá de tu comunidad. Y hemos escuchado a personas decir que el cambio climático no es real, pero solo dicen que no lo es porque no han experimentado este impacto.

JR. No estoy diciendo que todas las cosas estén firmemente establecidas, pero algunas cosas son sabidas más allá de cualquier duda, y una de ellas es que somos nosotros los humanos los principales causantes del calentamiento global que estamos viendo.

"Las temperaturas en la Tierra siempre han subido y bajado, así que no podemos decir por qué están subiendo ahora", dicen. Pero si se mira cuidadosamente cómo están subiendo ahora, siempre suben y bajan, suben y bajan, y luego, de repente, *boom*, van como un cohete. Y la razón por la cual esto parece tan dramático es que incluso las variaciones de temperatura más dramáticas en la historia geológica de la Tierra, que ha sido dramática, han tomado miles de años. Miles de años es muy rápido, pero ahora está sucediendo en solo décadas.

Si suelto esto aquí, ¿qué pasará? Se caerá. Se cae. Eso es gravedad. Por supuesto que se puede cuestionar la gravedad, si se quiere. Siempre algunas personas cuestionarán la gravedad, pero hay una ciencia tan establecida detrás del efecto invernadero como lo está detrás de la gravedad.

La mayoría de los científicos que conozco en el mundo hoy ya no dedican tiempo a los negacionistas del clima, porque estas son personas que de todos modos nunca cambiarán de opinión.

LOS LÍMITES PLANETARIOS

Este cambio en el planeta está sucediendo en solo décadas, y ello tiene mucho que ver con uno de los temas más apasionantes que he aprendido en este recorrido de estudio y conversaciones, los límites planetarios. Esos límites físicos y químicos que tiene nuestro planeta, esas barreras que no podemos sobrepasar si deseamos mantener el planeta en su estado del Holoceno. Comparo los límites planetarios con los límites de nuestro cuerpo para mantenernos saludables. Los niveles de la sangre, la temperatura corporal, la glucosa. ¿Cómo entender adecuadamente los límites planetarios?

JR. Si no revertimos la emisión de gases de efecto invernadero; si no revertimos la pérdida de biodiversidad y la deforestación, es muy difícil ver cómo podremos mantener la temperatura media en la Tierra por debajo del incremento de 2 °C, dependiendo de lo que hagamos en los próximos veinte años. Así que realmente necesitamos tomar muy en serio lo que yo llamo la Emergencia Planetaria.

¿Cuáles son los procesos biofísicos que determinan la capacidad del planeta para permanecer en el estado Holoceno? Y para cada uno de estos procesos, ¿podemos definir científicamente un límite cuantitativo más allá del cual corremos el riesgo de desencadenar cambios no lineales que podrían causar una deriva, pero dentro del cual tendríamos un espacio operativo seguro donde contemos con una alta probabilidad de mantener el planeta en el estado Holoceno? Por lo tanto, los límites planetarios[18] solo están preocupados por la estabilidad del planeta, no por la cantidad de agua que tú y yo necesitamos para nuestra comida. No se trata de definir niveles tolerables de problemas ambientales para los seres humanos; solo nos preguntamos cómo asegurarnos de que el planeta permanezca estable y capaz de proporcionar el soporte vital para nosotros, los humanos. Al hacer eso, hemos estado escaneando con análisis el sistema de la Tierra, desde la ecología hasta la ciencia del clima, para entender el planeta interactivo autorregulable, e identificar los nueve sistemas que hasta hoy hemos podido encontrar científicamente.

CS. Claramente, el camino actual de desarrollo es insostenible. Ha demostrado que ya hemos excedido algunos de esos límites planetarios, y tenemos que volver atrás, revertirlos.

Lo único en lo que nos enfocamos con los límites planetarios es en tratar de identificar cuáles son los sistemas que determinan

---

18 Los *límites planetarios (planetary boundaries)* evalúan el estado de los nueve procesos fundamentales para la estabilidad del planeta y dan a entender los límites dentro de los cuales se pone en riesgo su habitabilidad. Los límites son cambio climático, acidificación de los océanos, agujero de ozono, ciclo de nitrógeno y fósforo, uso del agua, deforestación y uso del suelo, pérdida de biodiversidad, contaminación de partículas en la atmósfera y contaminación química. Johan Rockström, Stockholm Resilience Center, 2009.

la capacidad del planeta para permanecer en un estado similar al Holoceno.

TL. Hay gente a la que no le gusta ese término (límites); hay personas a las que no les gusta sentirse limitadas. Pero la realidad es que esas condiciones describen los requisitos que nutren el ascenso de la civilización humana. Y creo que se plantea una gran pregunta sobre si tiene algún sentido ir más allá de esas condiciones, de los límites, en lugar de mantenerlas.

JR. Los nueve límites tienen un solo propósito, que es proporcionar una guía para que la humanidad pueda permanecer dentro de un espacio operativo seguro en la Tierra.

Es el sistema climático, pero también es la capa protectora de ozono estratosférico, y también los límites de la biosfera, es decir, la tierra, el agua, los grandes ciclos, el gran ciclo del carbono que determina el sistema climático, pero también los grandes ciclos de nitrógeno y fósforo, que son los ciclos de nutrientes; los nutrientes son fundamentales para toda la biomasa y todos los componentes vivos de la Tierra. Estos son los límites de lo que llamamos la biosfera viva: tierra, agua, biodiversidad, nutrientes. También tenemos dos límites que son creados por nosotros, los humanos, que son los tipos extraños, es decir, contaminantes químicos como disruptores endocrinos, carga de metales pesados, desechos nucleares, microplásticos, cosas que hemos creado y que conectamos al sistema de la Tierra, y que pueden crear cambios en nuestro ADN y composición genética que podrían cambiar las composiciones de vida en el planeta. Y lo que llamamos carga de aerosoles, que es la cantidad de contaminantes del aire que la atmósfera puede recibir antes de presentarse grandes cambios en la lluvia y la temperatura en la Tierra.

VN. Es una de las cosas que me hacen dar cuenta de lo sagrado que es este planeta, cómo todo está interconectado y cómo todo desempeña un papel en el bienestar de todos nosotros.

JR. A medida que hemos avanzado en la investigación encontramos que, como era de esperar, estas interacciones tienen una jerarquía.

Existen dos manifestaciones principales: primera, la biodiversidad, que es como la manifestación última de todas las interacciones entre los límites planetarios; la segunda, el clima. Hemos identificado la integridad del clima y la biodiversidad como esos puntos de manifestación de orden superior, que dependiendo de cómo se traten todos los demás límites, al final se obtiene una cierta temperatura media en la Tierra, como resultado último de la colocación de todos los demás límites.

Podemos quemar tanto combustible fósil y elevar el nivel de ppm (partes por millón) tan alto que aun si todo lo demás es sostenible, podría alejar al planeta de su estado de equilibrio. O si matamos todas las especies en la Tierra —pensemos esto como un experimento mental—, si perdemos todas las especies vivas, ya no tendremos un planeta que funcione. Por lo tanto, la biodiversidad puede, por sí sola, amenazar la habitabilidad en la Tierra.

Los límites centrales, en este caso la biodiversidad y el clima, son los únicos límites que por sí solos pueden empujar al planeta a la deriva.

TL. Para resolver el problema de la biodiversidad no solo hay que resolver la destrucción natural directa que está ocurriendo; también hay que lidiar con esos otros factores que forman parte de los límites planetarios.

CS. Con algunos de los límites planetarios ya hemos cruzado los umbrales y no queda otra alternativa que cambiar y retroceder. La biodiversidad es uno de ellos; uno en el que no solo no podemos permitirnos perder lo que tenemos, sino que tenemos que reconstruir, restaurar y rehabilitar algunos de sus elementos. Para otros, creo que todavía hay tiempo para cambiar la forma en que nos comportamos. Pero está claro, no tenemos otra solución, otra opción como especie, sino cambiar la forma como nos comportamos.

PZ. Hemos sobrepasado completamente el límite de la pérdida de biodiversidad. En cuanto al clima, estamos llegando a eso, pero en la pérdida de biodiversidad nos hemos excedido por completo. Ni siquiera sabemos lo que hemos perdido; hay tantas especies que hemos perdido que ni siquiera lo sabemos, y nunca lo sabremos.

¿Y qué pasa si perdemos una especie de ave, por ejemplo? ¿Por qué importa? Creo que no nos hemos dado cuenta de que el planeta funciona como un sistema perfectamente equilibrado. Creo que la mejor analogía es la siguiente: la naturaleza y el planeta funcionan como la torre Eiffel. Empiezas a sacar tornillos de la torre poco a poco, y esas son las especies del sistema. Tomas una, tomas dos, tomas 500, tomas 2.000, tomas, tomas el 68 % de ellas, como hemos visto. Hay un momento en el que esa torre se va a derrumbar. Y va a colapsar con nosotros. Somos parte de la naturaleza. Es increíblemente importante entender que la pérdida de la naturaleza nos está afectando ahora, y ya lo estamos viendo, y el cambio climático está exacerbando esa pérdida. Y está completamente conectado.

PP. Calculamos el Día Mundial de la Sobrecapacidad de la Tierra, o día del exceso[19], que es el día en que consumimos más recursos de los que el mundo puede reponer en ese año. Este año (2023), fue el 2 de agosto. Yo diría que todos los días después de eso, en realidad estamos robando a las generaciones futuras. En las últimas cinco décadas hemos perdido el 68 % de las especies del mundo: mamíferos, reptiles, anfibios, aves. Algunas personas la llaman la sexta extinción más grande. Hubert Reeves[20] lo dijo muy bien: "El hombre es la especie más insana. Adora a un dios invisible y destruye la naturaleza visible, sin darse cuenta de que esta naturaleza visible que está destruyendo es el dios invisible al que en primer lugar adora".

19   Día de la Sobrecapacidad de la Tierra es el día del año en el que el consumo de recursos y servicios ecológicos del planeta en un año específico supera la capacidad de la Tierra para regenerarse.

20   Hubert Reeves. Canadá, 1932-2023. Astrofísico franco-canadiense.

MP. El ser humano es innovador, es creativo; pero el problema con el ser humano es que la gente no está reconociendo las fronteras de la naturaleza, las fronteras del ecosistema. Estamos todo el tiempo excediendo, usando más de lo que la naturaleza nos está proporcionando, y no tenemos claras esas fronteras para reconocer exactamente cómo está operando el planeta, cuán sistémico es, cuáles podrían ser las consecuencias de sobrepasar su capacidad. Así que el punto es, ¿cómo podemos cambiar el comportamiento haciendo que la gente entienda mejor las fronteras del planeta, el límite que el propio planeta nos está dando?

Cuando pensamos en las personas que descubren el petróleo, o las personas que inventan automóviles o plásticos, o las personas que adoptaron CFC (cloro, flúor, carbono) en el sistema de refrigeración, está claro que esas personas no estaban pensando en cómo podrían dañar el planeta. Estaban pensando en proporcionar a la humanidad nuevas formas de tener una mejor calidad de vida. Así que el punto no era la invención, el punto era el uso de esos productos. Y nos sobrepasamos en utilizarlos sin ningún límite. Nos olvidamos de los límites del planeta.

En los últimos dos años la gente ha comenzado a recordar que no hay formas de lograr un futuro sostenible si no es abordando al mismo tiempo la crisis climática y la crisis de la naturaleza.

FK. Para los indígenas, hace rato hemos llegado al punto de no retorno, porque ya hemos visto desertificación en nuestros ríos, en las quebradas, se han secado las fuentes hídricas de nuestros territorios. Estamos viendo un acelerado fin de los recursos naturales en nuestros territorios, y ese es un aviso grave no solamente para los indígenas, sino también para toda la vida en el planeta. Es la vida la que se extingue con esto. No es que se acabe el planeta, la vida se extingue.

MK. Se dice que antes de la materialización de la Tierra misma existieron espíritus antiguos. Decimos que son nuestros padres y madres, que se llamaron *Serankwa, Ñankwa,* y existieron otros seres.

Y para que fuera posible la vida de la Tierra y del universo, tenía que haber un equilibrio, una armonía. Solo así era posible la vida. Cuando hay desequilibrio estamos desviándonos de unas normas milenarias, de unas normas que constituyen la garantía de la vida de la Tierra. Cuando eso cambia, cambian los pensamientos, cambia la actitud hacia la Tierra, de ahí la Tierra misma se regula; la Tierra misma hace una especie de multa: nos multa por pasarnos de esa línea, de esa raya, de poder vivir en la Tierra. Y la Tierra misma tiene su forma de regulación, que son los grandes terremotos, los grandes maremotos, los grandes rayos, los grandes desastres. Es una regulación, es una forma en que la madre tierra descansa.

Desde el origen se estableció un orden, una razón de ser de la misma vida, de la Tierra, a la cual nosotros llamamos *Kunsamū,* que es la Ley de Origen. Y todos tenemos esas leyes originarias. Son normas de la vida de la Tierra, que son para todos; independientemente del lugar —si es aquí o allá—, hay unas normas que hay que cumplir, hay unas leyes originarias. No debemos pasarnos, y hablando de la generalidad de la madre tierra como biodiversidad, esos límites se han pasado. Ya estamos lejos de los límites que tenía de uso; entonces es muy difícil garantizar la vida no solamente humana, sino de toda la Tierra. Esa es la constitución misma del ser. Como seres humanos, no reconocemos esas normas, esas leyes milenarias que hay que respetar, y solo así es posible que sigamos viviendo. A raíz de eso, nosotros mismos aquí estamos viviendo los efectos de todos esos cambios que hay, está cambiando el espíritu.

Es importante el equilibrio: porque así se formó la Tierra. La Tierra fue posible gracias a esa armonía y a ese equilibrio que se da entre el frío y el calor, el invierno y el verano. Y por eso es que desde allá, desde el origen, solo con el equilibrio entre seres, entre espíritus, fue posible la Tierra; por eso no se puede alterar ese orden, por eso la Tierra cada vez se va debilitando más. La posibilidad de vivir en paz cada vez es menor, porque nos hemos pasado esas leyes originarias.

Hay una norma que hay que cumplirla, pero ya eso ha cambiado. La cosmovisión de nosotros de la creación de la Tierra fue dándose así, poco a poco, mediante el equilibrio y la armonía. Se materializa un pensamiento, un espíritu: primero que todo existió en espíritu, en la oscuridad; luego se fue materializando la Tierra.

JR. Una lección clave es que realmente se demuestra que estamos en un planeta muy pequeño. Y un choque abrupto como el CO-VID-19 puede golpear en todo el mundo, a pesar de que comenzó en un pequeño punto del planeta, en el rincón de Wuhan. Y es exactamente de la misma manera como las cosas pueden resultar con otros cambios puntuales abruptos en el planeta.

TL. Lo que realmente sucede es que los ecosistemas comienzan a desmoronarse, y eventualmente se termina con algo que es difícil de imaginar. Básicamente, se convierte en un mundo biológicamente inmanejable. Y lo aterrador es que en realidad ya lo estamos viendo en lo que viene sucediendo con los arrecifes de coral en particular, donde solo un poco de calor y acidez hacen que el animal de coral y las algas se separen, y todo el ecosistema colapse. Lo hemos visto en lo que ha ocurrido con los bosques de coníferas en el oeste de Norteamérica, donde solo un grado modesto de calentamiento cambia la balanza a favor de los escarabajos de corteza nativos, de manera que consiguen una generación adicional que sobrevive al invierno, y se produce una mortalidad masiva de árboles en esos bosques. Todas estas cosas son obvias una vez las notas; pero no son tan fáciles de predecir.

CF. Lo que sabemos ahora, que no sabíamos hace diez y veinte años, es que el cambio climático es en realidad un sistema completamente interconectado, que existe lo que los jóvenes llaman interseccionalidad. Que el cambio climático está relacionado con la pérdida de biodiversidad, pero también con el racismo, con las desigualdades, con la desigualdad de género, con muchos de los otros problemas a los que nos enfrentamos en este momento. Por lo tanto, la policrisis que se está entendiendo como la crisis de tantos factores diferentes tiene que entenderse no como la crisis de factores en silos, sino como la crisis de factores que están entrelazados. Y si lo entendemos, entonces mucho de eso es una cuestión de corazón, no solo de cabeza. Se trata de la calidad de vida, especialmente de los que se encuentran en la base de la pirámide.

SE. La buena noticia es que ahora tenemos la capacidad de mirar a la Tierra como un sistema integrado y medir el CO_2, medir el metano, mirar la cubierta forestal, mirar la tundra, mirar las profundidades del mar, así como la interfaz entre la tierra y el océano y la atmósfera, para ver cómo las corrientes que barren alrededor del planeta realmente distribuyen el calor y el frío. Es la primera vez en toda nuestra historia —la historia humana— que tenemos capacidad para entender el clima, no solo el clima actual, sino también el clima en tiempos pasados, y proyectar el clima futuro, basados en lo que ahora sabemos.

Deberíamos estar lo suficientemente preocupados como para mirarnos en el espejo, para mirar las acciones que estamos tomando y que están alterando la química planetaria, alterando la química oceánica, y pensar estratégicamente: ¿qué podemos hacer? ¿Tendremos el mayor impacto para poder estabilizar la química de los océanos? No es solo acidificación; miremos los nitratos, los fosfatos. ¿Qué está impulsando la creación de zonas muertas[21] de los océanos en todo el mundo? Estamos viendo un aumento en los lugares donde la entrada de los ríos está alterando las áreas en alta mar: zonas muertas. En la década de 1950 nadie pensaba en zonas muertas en los océanos.

TL. Mi sueño es que la gente reconozca en todo eso que el planeta realmente funciona como un sistema físico y biológico vinculado y que la forma sensata de seguir adelante es abrazarlo y restaurarlo para beneficiarse de él en múltiples niveles.

---

21   Zonas muertas son regiones del océano donde los niveles de oxígeno son bajos por la excesiva contaminación.

PP. Cuando se han sobrepasado estos límites planetarios en la medida en que hablamos, cuando vivimos mucho más allá de nuestros límites planetarios, entonces el único modelo de negocio que tiene validez en el tiempo es uno que es regenerativo, restaurativo, reparador.

LOS BIENES COMUNES

Me parece fundamental el concepto de que todo está conectado, que es la base misma de todo lo que está sucediendo con el planeta, y tener consciencia del avance de la humanidad. Es esta la primera vez que tenemos en nuestras manos la información de lo que está sucediendo y que sabemos cómo solucionarlo.

Recuerdo que en la niñez siempre nos enseñaron en el colegio que el Amazonas era el "Pulmón del Mundo": se decía que la selva del Amazonas generaba oxígeno para todo el planeta. Hoy entiendo que hay regiones y ecosistemas del planeta que son fundamentales para mantener su equilibrio y para el bienestar de la vida de todas las especies, así estén al otro lado del planeta, algo totalmente conectado con los límites planetarios. Biomas que hoy son prioridad en conservación si queremos mantener el estado actual del planeta. ¿Qué son los bienes comunes globales?

CN. Estamos bajo un gran riesgo en el cambio climático, y lo mismo con la Amazonía, por ejemplo. Por supuesto, los riesgos de perder el Amazonas también están estrechamente asociados con el cambio climático y muchos otros biomas, componentes de la naturaleza, el mar Ártico y el permafrost. Es la amenaza más terrible para la humanidad de todos los tiempos.

JR. Creo que debemos reconocer que nuestra capacidad de permanecer dentro de los límites planetarios, de permanecer en este estado deseado del Holoceno, requiere de nosotros mantener intacto el bioma crítico, los grandes ecosistemas críticos, para que no crucen los puntos de inflexión, comenzando a empujar al planeta en la dirección equivocada. Estos son nuevos Bienes comunes globales[22], que son responsabilidad de los Estados-nación. Son la integridad de los Estados-nación, nadie debería cuestionar eso. Pero al mismo tiempo son bienes comunes globales porque todos dependemos de ellos. Todos dependemos de la estabilidad de la capa de hielo de Groenlandia, todos dependemos del funcionamiento de la circulación oceánica en el Atlántico Norte, todos dependemos de los bosques templados en Canadá y en Escandinavia y en Rusia, y todos dependemos de la selva amazónica. Creo que hoy debemos apoyarnos mutuamente para mantener intactos estos bienes comunes globales.

CF. No hay duda de que los países industrializados son los que originariamente causaron el cambio climático y que para el año base de 1990, que es el que siempre se utiliza, ellos tenían el 75 % de la responsabilidad y los países en desarrollo tenían el 25 %.

TL. Nunca se cumplió la promesa de las naciones desarrolladas de contribuir con algo así como el 2 % de su producto interno bruto al desarrollo sostenible, y eso simplemente se quedó en una promesa de periódico incumplida; nunca se concretó. Ese fue uno de los grandes fracasos de Río-92, que la mayoría de la gente desconoce por completo.

CN. Los Gobiernos dicen: "Sí, vamos a hacer, vamos a reducir la deforestación, vamos a combatir las ilegalidades", pero la eficiencia no ha sido muy buena. Tiene que convertirse en un movimiento global a la misma escala, al mismo nivel que el cambio climático. Tenemos que hacer de estos dos movimientos casi un solo movimiento, un movimiento global por la sostenibilidad planetaria para evitar cruzar los límites planetarios en todos los aspectos. Y eso significa proteger todas las selvas tropicales del planeta. A medida que presionamos

---

22   Son los bienes que brindan beneficios a todas las personas y regiones del planeta.

para reducir los combustibles fósiles, tenemos que llegar a cero neto[23] para 2050; así que tenemos que reducir radicalmente el consumo de combustibles fósiles, disminuir exponencialmente en las próximas tres décadas. Tenemos el mismo desafío en la protección de las selvas tropicales a escala mundial, pero en particular la Amazonía es muy importante.

JR. Tal como están las cosas hoy, países como Suecia, Alemania y Estados Unidos, por ejemplo, deberían implantar esquemas de transferencia para invertir en ayuda a países como Colombia, Brasil y Congo, a fin de mantener intactos sus bienes comunes globales para la humanidad.

Hacerlo de una manera que sea mutuamente beneficiosa. No solo creando limosnas y algún tipo de subsidios de compensación, sino que también puedan ser esquemas de transferencia de inversión para sistemas de energía renovable, y preservar, conservar sumideros de carbono en transacciones económicas con responsabilidades medibles de ambas partes, de modo que los países reciban el financiamiento, pero que también sea claro que esto tiene responsabilidades de rendición de cuentas.

No podemos simplemente tener, como tenemos hoy, algunos filántropos privados interviniendo y tratando básicamente de poner algo de dinero privado y comprar áreas de conservación. Tenemos que hacer esto en una colaboración mucho más de economía por economía.

VN. Creo que eso es lo que los países del norte global deben hacer.

CN. La lucha contra el cambio climático es una responsabilidad global, por lo que las naciones ricas tienen que desempeñar un papel muy importante para detener la deforestación y crear los mecanismos

---

23 Recortar las emisiones de gases de efecto invernadero hasta dejarlas lo más cerca posible a emisiones nulas. https://www.un.org/es/climatechange/net-zero-coalition.

para que los países amazónicos —todos los países tropicales, particularmente los países amazónicos— encuentren este nuevo camino sostenible, que es factible.

MK. Casi todas las montañas tienen una misma función en sus espacios: la función de las montañas, de aquí como de otros lugares, es la misma. Son espíritus, son energías que deben estar conectadas; y se entienden entre sí, interactúan entre sí para que pueda generarse el equilibrio. Si se corta esa relación, es como cerrar un conducto, una vena. Por eso es que desde tiempos antiguos dicen que hay formas en que se comunican las montañas de aquí de la Sierra Nevada con las montañas de otros lugares, de otros continentes. Y hay señas de que así fue. Hay esa similitud en muchas partes, porque las piedras son iguales, no cambian las funciones. Es algo que siempre han contado los mayores: que la conexión que hay entre las montañas, las selvas, el mar, es una realidad; que se conecta al mar con las montañas y entre montañas.

LA AMAZONÍA

Todo está conectado, un planeta conectado. Desde niño, viajábamos al Amazonas en compañía de mi papá, en viajes de aventura y exploración que quizás quedaron grabados en lo profundo de mi mente y supongo que tienen relación con el por qué nace este documento. Todas esas cosas que quedan sembradas desde la infancia y que son determinantes en nuestras vidas. Desde la niñez debemos aprender a cuidar y respetar la naturaleza. Todos sabemos que los bosques y las selvas están allí, lejos, y creemos que siempre lo estarán. Las tasas de deforestación del Amazonas abruman y sus riesgos de sabanización son inmensos para las próximas décadas. El Amazonas geográficamente pertenece a nueve países, aunque los servicios que presta son para toda la humanidad, para mantener el balance planetario. El Amazonas es uno de esos bienes comunes de los que venimos hablando. Pero quisiera utilizar ese ejemplo para profundizar. ¿Por qué es importante el Amazonas y cuáles son sus riesgos?

FK. Yo diría que la humanidad no tiene fronteras. Los países se han delimitado, tal vez para poder administrar bien un territorio; pero como humanos debemos sentir lo mismo, vivir lo mismo y trabajar en lo mismo y cuidar, por ejemplo, la Amazonía. Esta es responsabilidad de todos. Eso es lo que siempre digo. La Amazonía nos ofrece sin ninguna consideración y sin ninguna reserva sus servicios: nos da oxígeno, nos da agua, regula el cambio climático; y nosotros no podemos ser egoístas con la Amazonía.

MK. Hay una conexión entre todos —por ejemplo, en el Amazonas—, hay una misionalidad de esos espacios importantes, como también hay con el Cauca o con otros lugares, como los desiertos. Cumplen una misionalidad gracias a esa conexión entre la selva —el Amazonas— y la Sierra Nevada. Y es posible que haya vida porque hay esa conexión. Si se acaba la Sierra, si se acaba el Amazonas, se acaba la vida, porque tiene que haber conexión. Es como el cuerpo humano: si falta un órgano importante, o dos, ya deja de existir. Eso sucedería: dejar de existir.

CN. Esto no es solo responsabilidad de los países amazónicos, sino que tiene que ser un esfuerzo global de los Gobiernos y los sectores económicos para encontrar soluciones.

FK. Salvar la Amazonía es posible aún, pero hay que tomar medidas. No solamente dejar de deforestar, sino también empezar a tomar medidas para revertir ese camino que llevamos hacia el punto de no retorno. Ese revertir significa restaurar la Amazonía, volver al estado en el que estaba. Hay que empezar a descontaminar los ríos, a sembrar más árboles donde se ha degradado y deforestado. Tenemos que pensar todos en recomponer la Amazonía. Estamos a tiempo, y hacia allá debe enfocarse la cooperación y todos esos recursos financieros que están destinados para proteger la Amazonía: a esas actividades de reforestación, de reconstrucción, de restauración.

No solamente es pensar en una restauración, sino también en cómo recuperar ese estado de buena salud para la Amazonía. Sí estamos a tiempo, y es una responsabilidad de todos.

Creo que tenemos que llegar a un compromiso y tener un solo camino: cómo detener todas esas acciones que degradan la Amazonía y apostarle a su restauración, a recomponerla. La cooperación internacional debe apostarle a eso; los países desarrollados también. Porque la Amazonía no es egoísta, y así como ella no es egoísta, tampoco el mundo y los que tienen los recursos, los países desarrollados, deben ser egoístas con la Amazonía. Deben financiar las actividades que le den vida.

WD. Hay una gran ecóloga forestal aquí en mi universidad, Suzanne Simard[24], que ha revelado que en nuestros bosques, aquí, los árboles no simplemente se comunican entre sí químicamente; ahora sabemos que un árbol madre puede distribuir sus nutrientes a través de la fotosíntesis de manera diferencial por medio del bosque, favoreciendo a su descendencia genética inmediata, secundariamente a la descendencia de otros individuos de su propia especie y en tercer lugar a otros habitantes de la selva tropical.

CN. Demos un vistazo a nuestra visión científica de los procesos amazónicos. El Amazonas es un actor clave en el ciclo global del carbono: responde por el 15 % de la productividad primaria neta (NPP) de la fotosíntesis; es un sumidero de carbono clave —absorbe CO_2 antropogénico— y almacena entre 100 y 120.000 millones de toneladas de carbono en la biomasa.

Cuando se mira, hay políticas, pero todavía no estamos viendo una disminución rápida en los emisores de gases que provocan

---

24   Profesora de Ecología Forestal en la Universidad de Columbia Británica.

el cambio climático. Lo mismo en el Amazonas, aunque ahora el Amazonas afortunadamente, y por fin, está mereciendo la atención mundial.

La selva amazónica elimina entre mil y dos mil millones de toneladas de dióxido de carbono de la atmósfera. Es el punto caliente[25] de la biodiversidad.

TL. La Amazonía tiene aproximadamente 100.000 millones de toneladas de carbono. Si eso terminara en la atmósfera, estaríamos realmente cocinados. Quiero decir, estamos mucho más allá de donde deberíamos estar en este momento; y si arrojas otros cien millones de toneladas allí, nunca lo lograrás. Eso es mirar a la Amazonía, simplemente en términos del carbono que almacena y su capacidad para secuestrar carbono. Pero, como me gusta decir, valorar la Amazonía por su carbono es como valorar un chip de computadora por su silicio. Esta increíble diversidad biológica es, por mucho, la parte más importante de la Amazonía.

CS. Todo el mundo piensa en el Amazonas como el bosque más grande que queda en el planeta. Es extraordinariamente importante para la biodiversidad, para el agua, para los servicios ecosistémicos, para el planeta, en términos de clima. Uno de los grandes desafíos allí en ciertas partes son las tasas de deforestación que están ocurriendo principalmente en el sur de Brasil, como también en las estribaciones de la Amazonía y países como Colombia.

FK. La Amazonía es la gran maloca[26]. Es la casa que alberga, que cuida comunidades: eso es para nosotros la Amazonía. Por eso el manejo y el relacionamiento respetuoso que tenemos nosotros con todo en nuestro territorio, con los árboles, con la fauna, con la flora, con los ríos. Es un respeto mutuo que tenemos.

---

25 Punto caliente, *hotspot*: se refiere a áreas con una gran variedad de especies endémicas.

26 Edificio tradicional indígena, para uso comunal, utilizado por los pueblos amazónicos.

Para la humanidad debería representar un patrimonio que hay que cuidar, porque alberga no solamente la riqueza natural. No solo sirve de regulador del cambio climático que hoy estamos sufriendo, sino que debe ser también un refugio donde hay culturas milenarias que cuidan esa Amazonía.

CN. Hoy en día, la deforestación en el Amazonas está aumentando. Tenemos el 16 %, 17 % del total de selva de la cuenca amazónica deforestada, incluyendo partes de la cuenca del Orinoco.

La pregunta es, ¿qué tan cerca estamos *de un punto de inflexión amazónico?*

Sobre los puntos de inflexión, me centraré solo en el que está afectando a la Amazonía, que es el calentamiento del Atlántico Norte tropical, y por qué se está calentando esta zona. Esto está relacionado con el cambio climático global, con el derretimiento de la capa de hielo de Groenlandia. Este derretimiento, y también el del hielo marino en el Ártico, básicamente están cambiando la circulación oceánica, que se llama Circulación Termohalina[27].

La selva seguirá, se conservará en alrededor del 30 %-40 %. De la selva que queda en el oeste, entre el 50 % y el 60 % desaparecerá. Esa selva se convertirá en sabanas o un poco en selva seca. La pregunta es: ¿estamos viendo este riesgo de sabanización de la selva amazónica? La respuesta es sí.

JR. Si la selva amazónica es empujada por el acantilado y comienza a aumentar su frecuencia de incendios forestales y sequías y muere, se convertirá en una sabana. No se puede devolver.

CN. Las selvas hoy están retirando menos dióxido de carbono de la atmósfera en la Amazonía: en la década de 1990 eliminó hasta 2.000 millones de toneladas; hoy en día, es de entre 1.000 y 1.200 millones de toneladas. La tasa de mortalidad está aumentando. Esto

---

27 Circulación termohalina (CTH), cinta transportadora oceánica, fenómeno que regula la distribución global de calor y nutrientes en los océanos. Influencia patrones climáticos globales y la vida marina.

es muy grave, porque estamos viendo que la tasa de mortalidad de los árboles de climas húmedos está aumentando, y un poco también de sabanización de la fauna: las especies de la sabana tropical se están moviendo hacia el sur de la Amazonía.

Un trabajo reciente muestra un 50 % de histéresis —sabanización del 50 % de las selvas—. Publicamos esta advertencia en 2018-2019 para no superar el 20 %-25 % de la deforestación total —actualmente estamos en 17 %-18 %, por lo que estamos muy cerca del *punto de inflexión*—, advirtiendo que, por supuesto, esto no es solo deforestación, también es calentamiento global y vulnerabilidad al fuego.

Cada treinta a cincuenta años se pierde entre el 50 % y el 60 % de la Amazonía. Entonces, ¿podemos evitar el *punto de inflexión* de la Amazonía? Esa es la gran pregunta que nos planteamos todos desde hace muchos años. Básicamente, depende de nosotros, las sociedades globales. No se trata solo de los países amazónicos, sino también de las sociedades globales, porque el calentamiento global también es un impulsor de este *punto de inflexión*.

Una vez se supera el *punto de inflexión*, la selva tarda entre treinta y cincuenta años en convertirse en una sabana degradada. Pero ¿qué tan lejos estamos de superar el punto de inflexión? Esta sigue siendo una pregunta abierta a la ciencia. Algunos científicos pueden creer que ya se ha superado, en el sur de la Amazonía, porque estamos viendo un aumento en la duración de la estación seca.

Si solo se produjera deforestación, el *punto de inflexión* se alcanzaría con un 40 % de deforestación. Si se supera el 40 % de esta, se volverá irreversible.

Si el calentamiento global continúa sin cesar y la gente continúa usando el fuego en la Amazonía, entonces la deforestación del 20 % al 25 % conduciría al *punto de inflexión*.

TL. La parte brasileña es la más difícil, por dos razones. Primera, es el porcentaje más grande. Segunda, el clima se mueve de este a oeste en el Amazonas; por lo que lo que sucede o deja de suceder en Brasil puede tener grandes implicaciones para el resto de la Amazonía. Por eso estoy tan preocupado por el punto de inflexión del Amazonas; creo que en realidad estamos en ese punto de inflexión en este momento. Felizmente, no es como algo que simplemente se derrumba; es largo y gradual, lo que da la oportunidad de reconstruir el margen de seguridad a través de la reforestación. Pero en mi mente no hay duda de que ya está crujiendo: la estación seca es un mes más larga, hace más calor, las especies arbóreas están cambiando sus sequías históricas —sequías inéditas cada cinco años—; así que ahora es el momento de hacer algo al respecto.

CN. Si convertimos el 50 %-60 % de la Amazonía en una sabana, una sabana degradada contiene como máximo un tercio del carbono que contiene la selva, entonces liberamos los otros dos tercios. Eso es algo entre 250 y 300.000 millones de toneladas, dentro de treinta a cincuenta años.

¿Cuánto podemos emitir a la atmósfera para mantener la temperatura máxima de 1,5 °C de calentamiento? Son unos 450.000-500.000 millones de toneladas mundiales. El Amazonas es solo el 50 % de eso. Así que será casi imposible. Para un incremento de 2 °C, es alrededor de un billón de toneladas. Pero aun así, si pierdes el Amazonas, va a ser muy difícil incluso lograr mantenerse debajo de 2 °C.

Si seguimos emitiendo combustibles fósiles, perdemos la Amazonía. Así que es una tragedia. Es un desastre, porque la temperatura en el siglo XXII puede superar los 4-5 °C. Lo llamamos desastre de invernadero. El planeta se vuelve casi inhabitable si perdemos el control.

Las especies se están extinguiendo a tasas muy altas; estamos al borde de la sexta extinción mundial de especies. Y el cambio climático inducirá a eso y a la pérdida de la Amazonía. Ese es uno de los nueve límites planetarios; el otro, por supuesto, es el clima.

Si hay una sabanización, liberamos entre 250.000 y 300.000 millones de toneladas de carbono a la atmósfera, por lo que aumenta el riesgo de cambio climático. Y también hay un tercero de los límites planetarios en riesgo, el agua. Es muy importante mantener la Amazonía, reciclar el agua, exportar vapor de agua a los Andes, a otros países amazónicos, a la Cuenca del Plata[28], al sur de la Amazonía.

FK. La minería está contaminando los ríos de la Amazonía. Si usted mira en Colombia, el río Caquetá, por la zona del Estrecho y Araracuara, está contaminado y hay muchas familias. Mi pueblo en el pasado fue víctima del caucho[29]; yo soy descendiente de las víctimas del caucho. Y hoy mi pueblo sigue siendo víctima de otras acciones, como la minería ilegal. Y son pueblos que se están exterminando. Las mujeres sufren el mayor impacto, porque su salud reproductiva se está afectando gravemente y ya no pueden tener descendencia, y eso significa el exterminio de un pueblo. Eso está pasando en la Amazonía.

El agua aquí es vital: es necesario sanar los ríos. Hay que liberarlos de todos esos venenos que se han dejado: el mercurio que deja la minería, los residuos de petróleo que están quedando también en los ríos y en los territorios amazónicos.

COICA[30] viene haciendo una campaña de protección de la Amazonía en un 80 % de su área de aquí al año 2025.

La meta de protección es del 80 % en toda la cuenca amazónica. No es igual en cada uno de los países, porque si miramos, Colombia tiene ya una protección del 86 %, o sea, Colombia la ha superado. Pero si nos vamos a Brasil, sabemos que es muy difícil cumplir esa meta.

---

28 La cuenca hidrográfica del Plata, por su extensión y caudal, es una de las más importantes del mundo. Ocupa la quinta parte de Suramérica, en Argentina, Brasil, Bolivia, Paraguay y Uruguay.

29 La industria del caucho en el Amazonas casi extermina los pueblos huitoto, bora, ocaina y munaire. Se estiman 60.000 muertes hacia 1890.

30 Coordinadora de Asuntos Indígenas en la Cuenca Amazónica, que representa 511 pueblos indígenas de los nueve países amazónicos, 66 de estos en aislamiento voluntario.

TL. No hay absolutamente ninguna razón por la que esos nueve países[31] asuman esa responsabilidad por sí solos. Al mundo le interesa mucho que la Amazonía sobreviva, y ha habido esfuerzos exitosos en el pasado, como el programa piloto del G7 para la selva tropical brasileña, que en realidad fueron bastante exitosos.

FK. También hay que mirar los marcos legales de cada uno de los países y ver cómo se armonizan para trabajar temas afines: la no deforestación, la no explotación de hidrocarburos en la Amazonía. Hay que entrar a mirar profundamente estos marcos regulatorios de la cuenca amazónica, porque de lo contrario, nuevamente cada quien va a hacer su pedacito y no va a haber una protección integral de la Amazonía. Hay que hacer políticas públicas de frontera.

CN. Es completamente posible que los países, los ocho países más la Guayana Francesa, puedan mantener la soberanía territorial, que los pueblos sigan siendo brasileños, colombianos, peruanos, bolivianos, venezolanos, surinameses, guayaneses y franceses... bajo este nuevo tipo de desarrollo, protegiendo las selvas. Por lo tanto, se trata de asegurarse de que estas ideas, estas nuevas ideas, no interfirieran con las cuestiones políticas asociadas con la soberanía. Y la frase se puso en lo alto porque cada vez que se habla de proteger la Amazonía, hay un discurso político —al menos principalmente en Brasil— que dice: "No queremos perder soberanía".

FK. El clamor de los pueblos indígenas de la cuenca amazónica es la seguridad jurídica de sus territorios. ¿Esto qué significa? Se requiere, dependiendo de la legislación de cada país, por ejemplo, para el caso colombiano, la titulación de los territorios que están pendientes para entregarles a los pueblos indígenas sus territorios ancestrales, o sea, convertirlos en resguardos indígenas. Y no en áreas protegidas, como

---

31   Países de la Amazonía: Perú, Ecuador, Colombia, Brasil, Venezuela, Bolivia, Guyana, Surinam y Guayana Francesa.

se ha venido haciendo; no en grandes parques, sino entregarles los territorios a los pueblos indígenas.

CN. La selva amazónica es la selva tropical más grande que aún existe: el 47 % son territorios indígenas y áreas protegidas, pero aún hoy han sido vistos como obstáculos para el desarrollo.

FB. Hay lugares donde yo no haría actividades extractivas, donde no haría actividades industriales. Y, de hecho, pues no solo la minería. ¿Qué pasa con la deforestación para sembrar coca? Cuando decimos que ya no son 200.000 sino 300.000 hectáreas de coca, ya no sabemos bien cuántas son[32].

TL. El gran desafío es encontrar la manera de tener economías prósperas en la Amazonía que sean respetuosas con la naturaleza. En la Amazonía brasileña, de todos modos, hay 25 millones de personas que viven en ella, y probablemente el 80 % de ellas viven en ciudades. Así que diseñar ciudades realmente sostenibles es algo increíble por hacer.

FK. Los amazónicos decimos que la Amazonía es el pulmón del mundo, es el regulador del cambio climático. Todo el mundo hoy está abocado a hacer trabajo en la Amazonía, proteger la Amazonía; pero esto no es de ahora, debió haberse hecho desde hace mucho tiempo. La protección de la Amazonía debió haberse hecho desde siempre, no ya cuando, como dicen los expertos, vamos a un punto de no retorno.

Hay que tejer un pensamiento, un diálogo de saberes; hay que tejer la palabra para poder cuidar entre todos la Amazonía, porque da vida al planeta. Si tenemos la Amazonía en pie, los ríos fluyendo de manera limpia, los bosques en pie, los recursos naturales manejados de manera respetuosa, va a haber humanidad por mucho tiempo.

---

32   Según el Sistema Integrado de Monitoreo de Cultivos Ilícitos de la Oficina de las Naciones Unidas contra la Droga y el Delito, se estimaron 230.000 hectáreas de cultivos de coca en Colombia en 2022.

El papel de la mujer indígena amazónica es ese: es restauradora, reforestadora, polinizadora. Porque la mujer amazónica es de cultivo de chagra[33]: es una mujer que cultiva variedades de semillas, variedades de frutos en su huerto, que se llama la chagra. Nosotros lo llamamos la chagra. En ese espacio, la chagra, la mujer todo el tiempo está restaurando, sanando la tierra, recuperándola.

Son también las mujeres las que dispersan semillas. Por eso es tan importante el papel de la mujer en la mitigación de los efectos del cambio climático, por mantener esa selva en pie, por mantener la diversidad. Con todas las dificultades que hoy se viven de la pérdida de la biodiversidad, la mujer es la que trata de sostenerla en los territorios amazónicos.

La maternidad nos conduce a que, de todas maneras, todos son nuestros hermanos: somos hijas, somos madres, somos las que damos la vida, las que parimos la vida. Si parimos la vida, debemos cuidar la vida; eso es lo que hacemos nosotras, las mujeres amazónicas.

Ahí nosotras, después de analizar nuestra situación, hicimos un mandato de cinco puntos y una agenda común como mujeres indígenas de la cuenca amazónica con temas de autonomía alimentaria, defensa de la Amazonía, cambio climático y biodiversidad y economía.

CS. África central tiene el segundo bosque tropical más grande del mundo después del Amazonas. Es un bosque muy interesante por el tipo de animales que tiene.

CN. El Amazonas es la selva más grande, tres veces más grande que la selva del Congo. Por eso es mucho más importante en términos de biodiversidad, de almacenamiento de carbono, y también del servicio ecosistémico a las regiones vecinas. La selva del Congo también es muy importante; la selva tropical del sudeste asiático también es muy importante, Indonesia, Malasia, etc. Pero el Amazonas

---

33   Terreno de cultivo, un ciclo dinámico, donde los seres vivos se relacionan.

es mucho más grande que cualquiera de estas otras selvas y por eso es muy importante mantenerlo.

En el Congo, los impulsores están más relacionados con el crecimiento de la población, con las comunidades que están expandiendo la agricultura, no solo con la agroindustria a gran escala. La situación en el Amazonas e Indonesia es muy similar: el motor de la deforestación en Indonesia es principalmente el aceite de palma y en el Amazonas son el ganado y la soya. En el Congo, también el ganado y otros productos agrícolas. Pero hay un factor diferente: en la cuenca del Congo el principal motor es el crecimiento de la población; mientras que en la Amazonía es la expansión del agronegocio.

CS. Cuando miras los Andes tropicales como una región, en realidad tienen más especies que el Amazonas.

La gente se enfoca menos en los Andes, y lo que hay que recordar es que los Andes y el Amazonas están íntimamente conectados. En realidad, son una región. La gran mayoría del agua y, muy importante, los nutrientes de la Amazonía provienen de los Andes. Toda la cuenca del Amazonas comienza en los Andes, en lo alto. Entonces, si realmente se desea proteger el Amazonas y la biodiversidad allí, se debe comenzar por proteger las cuencas hidrográficas y los altos Andes a 5.000 metros de altitud. Los Andes también son interesantes, porque son el hogar de muchas especies, especialmente endémicas, sobre todo en la zona de transición entre los Andes y el Amazonas, a alrededor de 1.000 metros de elevación. Esa es probablemente el área con más biodiversidad en cualquier parte del planeta.

La biodiversidad

Hablamos de la importancia del Amazonas y de su biodiversidad. Es ya un lugar común, reciente, para los colombianos, decir que somos el segundo país más biodiverso del planeta, luego de Brasil. Ambos compartimos el Amazonas y allí se explica gran parte de esa riqueza biodiversa. En los últimos años Colombia ha avanzado en el entendimiento de que nuestra riqueza nacional realmente consiste en la privilegiada ubicación geográfica, la multiplicidad de ecosistemas y la megabiodiversidad de este territorio. Pasamos de ser un país que se ha caracterizado por su violencia y la droga de exportación, que lo ha hecho famoso, a un país que debe entenderse como una joya en biodiversidad y reconocer la necesidad de conservar y reparar. Alguna canción folclórica del Caribe colombiano lo dice de la mejor manera: "Solamente me queda el recuerdo de tu voz / como el ave que canta en la selva y no se ve"[34] hasta que dejemos de oír su canto. Se viene hablando en los últimos años que estamos viviendo la sexta extinción masiva de especies en la historia planetaria. Hablemos sobre la diversidad biológica y su importancia, y veamos algunos ejemplos.

TL. La biodiversidad[35] es la mejor medida de la salud de un ecosistema, o del planeta.

PZ. El término *biodiversidad* es increíblemente importante y rico, pero muy difícil de entender. Ya sabes y entiendes lo que es el clima. Y es posible que tú mismo no puedas medir sin un termómetro los cambios en el clima fuera de tu casa, pero la biodiversidad no la entiendes.

CS. Todavía no conocemos todas las especies con las que compartimos el planeta. Todavía hay muchas lagunas en nuestro conocimiento y nuestra comprensión. Creemos que probablemente hay diez millones de especies vivas en el planeta hoy en día. Pero posiblemente solo hemos descrito y dado nombres a unos dos millones de ellas. Solo conocemos científicamente a una de cada cinco de las especies que se encuentran en el planeta en la actualidad.

---

34   Canción del folclor vallenato *Honda herida*, de Rafael Escalona.

35   Thomas Lovejoy introdujo este término en la comunidad científica en 1980.

Probablemente hemos perdido miles de insectos y muchas otras especies que simplemente no hemos documentado. Pero lo que sí sabemos es que la tasa de extinción que estamos viendo en este momento ha crecido más de lo que hemos visto en cientos de miles de años, según el registro fósil. La tasa de base, cuando se observa la historia de la vida en el planeta, la vida útil de una especie en el registro fósil, es de aproximadamente un millón de años en promedio.

Como dijo Norman Myers[36] hace muchos años, la extinción es para siempre. Una vez que pierdes algo, una vez que pierdes una especie, realmente no puedes recuperarla.

Hasta este momento, una vez que una especie se va, se ha ido para siempre.

Estimamos que alrededor de un millón de especies podrían extinguirse solo en este siglo, esto es, una de cada diez especies. Esa es una tasa de extinción que nunca hemos visto.

No solo es injusto que una especie elimine a tantas otras especies, sino que también amenazará nuestras propias posibilidades como especie, en términos de nuestro desarrollo y nuestras opciones futuras en el mundo. Lo que sabemos es que hay cinco causas principales detrás de esta extinción: la transformación de hábitats, la sobreexplotación de algunas especies, la contaminación, el cambio climático y las especies invasoras.

En algunos países, incluidos muchos de América Latina, la alteración del hábitat, la pérdida de bosques, la transformación de humedales y lugares similares son, con mucho, las mayores causas de extinción que amenazan a la gran mayoría de las especies. Para ciertos tipos de especies, aquellas que tienen valor económico, la sobreexplotación puede ser el principal impulsor. Así, por ejemplo, la pesca: podemos tomar una especie de pez y pescarla hasta la extinción, o especies maderables valiosas. Y el comercio ilegal de vida silvestre

36   1934-2019. Ecologista británico experto en biodiversidad.

es uno de esos problemas. Después, un subconjunto de aquellas especies que tienen un valor económico. La tercera cuestión es la contaminación. Y estamos viendo la contaminación como un gran problema en muchas áreas, especialmente, por ejemplo, en sistemas acuáticos. Sabemos que la contaminación puede, desde un punto particular, afectar grandes áreas y llevar a la extinción de muchas especies. Ligado a eso, las especies invasoras.

En circunstancias normales, lo que sucedería sería que una especie se adaptara. Cambiaría, respondería. Entonces, si hace más calor, por ejemplo, se movería hacia arriba o hacia el norte o subiría la montaña, o algo así. Como especie, con el tiempo puede hacerlo. El desafío es que las tasas a las que están sucediendo estas cosas son tan altas que las especies no tienen la capacidad de adaptarse.

PZ. Estamos cazando ilegalmente, por ejemplo, 25 millones de aves en el Mediterráneo cada año. Esto es en el sur de Europa, el norte de África y Oriente Medio. ¡25 millones de aves al año! Estamos perdiéndolas debido a la caza ilegal.

CS. Tomemos las islas y las aves de Hawái, por ejemplo. La mayoría de las aves nativas de Hawái ya se han extinguido en nuestras vidas. Así que la sexta extinción ya ocurrió en Hawái. Puede que no haya sucedido en otros países, en otros lugares, pero se está desarrollando.

Vamos a tener que crear colonias y mecanismos seguros para que realmente podamos tenerlas y mantenerlas horas extras, y ahí es cuando puede entrar el papel de, por ejemplo, zoológicos, acuarios, jardines botánicos y centros de cría en cautividad. Porque para algunas de estas especies en peligro crítico la única forma en que podemos mantenerlas es en cautiverio, manteniéndolas vivas literalmente y devolviéndolas a la naturaleza en el momento adecuado y de la manera correcta.

Hay muchos casos para deprimirse sobre cómo podríamos perder muchas especies; sin embargo, hay muchas razones para la esperanza en que, si protegemos los lugares, si atacamos y reducimos los factores

I

que están causando la pérdida de esta biodiversidad, deberíamos poder salvar la gran mayoría de la vida en este planeta.

Un desafío es que todavía necesitamos mucho más conocimiento sobre el tema. Como decíamos, conocemos una o dos de cada diez especies.

Los osos polares son esta especie icónica, de historia natural muy inusual, una especie de oso completamente adaptada a vivir en el hielo a través de la caza de ballenas, focas y otros mamíferos marinos. La principal amenaza para los osos polares es el cambio climático. Lo que estamos viendo es que el clima está derritiendo los casquetes polares, y lo que estamos viendo allí es básicamente que han perdido la conectividad. En muchas de estas áreas, muchos de estos mamíferos marinos ya no están saliendo al hielo, y los osos literalmente están muriendo de hambre mientras tenemos esta conversación. Ese es un buen ejemplo de una especie que podría extinguirse fácilmente.

La única forma de salvar realmente a los osos polares es abordar el cambio climático.

Descubrimos hace unos ocho años que había 96 elefantes asesinados en promedio por día. Eso es 35.000 elefantes asesinados cada año. Y solo quedan alrededor de 1,2 millones vivos en el planeta. A ese ritmo de caza furtiva, los habríamos perdido en pocos años. Y eso es particularmente cierto para los elefantes africanos.

Nos unimos y comenzamos literalmente prohibiendo la venta de marfil. Y hubo un acuerdo entre naciones clave, una de ellas fue China. Así que el Gobierno de China prohibió la venta de marfil de elefante en los mercados de su país. Lo hicieron. Quiero decir, en ese sistema, cada punto de venta y cada fábrica de marfil estaban registrados con una licencia.

Y aquí están las buenas noticias: hemos comenzado a ver que en los últimos dos años hay una disminución dramática en las tasas de caza furtiva de elefantes en África. Y la buena noticia es que sabemos que la vida silvestre se recuperará.

Si eliminas o detienes la caza furtiva, se recuperarán. Y si tienen las condiciones alimentarias adecuadas y las condiciones adecuadas para la salud, las poblaciones de elefantes pueden recuperarse de tasas de 3 % a 5 % por año.

Estimamos que en 1900 había alrededor de 100.000 tigres viviendo en Asia. Ese número se ha reducido a unos 3.500. Hemos perdido la mayoría de ellos.

Otros ejemplos extremos, el bisonte o la paloma migratoria. El bisonte americano o búfalo, el mamífero nativo más grande de América del Norte, y la paloma migratoria. Ambas especies estaban casi extintas hace 150 años, había solo unos mil individuos, aquí mismo, en América del Norte. Lo que fue notable es que tuvimos éxito en salvar al bisonte hasta tal punto que actualmente hay alrededor de medio millón de bisontes en América del Norte. Sin embargo, perdimos la paloma migratoria, se extinguió, no pudimos rescatarla.

Otro ejemplo importante. Madagascar es realmente interesante porque está aislada como una isla, como la segunda isla más grande del mundo. Lo que tienes allí es un endemismo increíble. Eso significa especies que no se encuentran en ningún otro lugar del planeta; la especie distintiva allí son los lémures, que son una especie de primates. El gran desafío es que alrededor del 95 % del bosque de Madagascar está siendo talado.

Más ejemplos. Hay alrededor de 320-340 especies de tortugas en el mundo. Más de la mitad de ellas están en peligro de extinción en este momento, y la principal causa de extinción es el comercio de mascotas. La mayoría de ellas están en el sudeste asiático.

Una de estas especies de tortuga es una de caparazón blando que vive en los ríos del sudeste asiático; es una especie de la que el año pasado solo supimos de tres individuos vivos restantes, y todos eran machos. La buena noticia es que hace apenas unas semanas encontramos una hembra, y existe la última oportunidad de aferrarse a esa especie y poder criarla y establecer colonias cautivas para salvarla de la extinción. Y podemos traerlas de vuelta y reintroducirlas en la naturaleza, en los lugares correctos, en las condiciones adecuadas. Así que hay un elemento aquí para salvarlas de la extinción y restaurarlas como último recurso.

Nuestro compromiso, lo que estamos tratando de hacer, es simplemente decir que no vamos a tener ninguna de esas especies de tortugas extinguidas en nuestra vida.

Mira el caso de las ballenas. La historia de la caza de ballenas es uno de los episodios más trágicos de nuestra historia.

Prohibieron su caza y el resultado neto es que las poblaciones de muchas de ellas se han recuperado por completo. Las sacamos del borde de la extinción. No hemos perdido ninguna de las grandes ballenas en nuestra vida, cuando hace cincuenta o cien años podríamos haber perdido algunos de los animales más magníficos y más grandes.

SE. Cada pieza, como en una orquesta, desempeña un papel en la creación de la música, en la creación de esta sinfonía de la vida. Por ejemplo, los cangrejos herradura. Esa es solo una forma de vida y solo hay cuatro especies diferentes. Los cangrejos herradura pueden no ser conocidos por la gente en gran parte del mundo, especialmente si vives tierra adentro y no vives en una costa. Si no vives en Asia, si no vives a lo largo de la costa este de América del Norte o en el Caribe, es posible que no sepas qué es un cangrejo herradura, a menos que seas un científico. Pero estos son animales que tienen una historia que se remonta a 400 millones de años, antes de que hubiera dinosaurios, antes de que hubiera aves, antes de que hubiera mamíferos, y ciertamente mucho antes de que hubiera humanos. Pero todavía están con nosotros y tienen características únicas que son parte de esta increíble sinfonía de la vida. Y ahora mismo están en peligro de extinción: en parte por destrucción de su hábitat, en parte porque se están sacando activamente toneladas de cangrejos herradura para usarlos como cebo en la captura de anguilas que se venden a los mercados asiáticos. Hay conexiones humanas que son extrañas para estas criaturas, inocentes de nuestros deseos o nuestros apetitos o nuestros mercados. Ese es solo un pequeño ejemplo. El kril, en la Antártida, que estuvo a salvo de los humanos hasta el siglo xx: su historia se remonta a cientos de millones de años como crustáceo; su historia, su ascendencia. Una vez más, estaba poblando el planeta mucho antes de que hubiera dinosaurios.

EL OCÉANO

El Amazonas, la biodiversidad o ejemplos de especies en extinción. Veamos el caso del océano, un tema inmenso e inacabable al que cualquier conversación le quedaría corta. Uno de los grandes problemas actuales del planeta es el océano: su calentamiento, su acidificación, el cambio en las corrientes, la pérdida de especies, las zonas muertas. Representa más del 70 % de la superficie planetaria y es donde más cantidad de especies, muchas desconocidas, se encuentran. ¿Por qué el océano es tan importante y qué implicaciones tiene lo que está sucediendo con él?

CS. El océano es muy importante porque desempeña un papel determinante en términos del clima del planeta. Una gran mayoría del calor producido por el cambio climático global está siendo absorbida por el océano.

MS. Proteger los océanos también es una buena política climática porque sabemos que tienen una enorme capacidad de absorber calor para atrapar carbono para fotosintetizar y bloquear el carbono.

CS. El océano cubre más de dos tercios de la superficie del planeta. Y, por supuesto, desde un punto de vista evolutivo, tenemos que recordar que la vida también comenzó en el océano. Así que estamos íntimamente ligados a él.

Cuanto más cálido es el océano, mayores son las tasas de operación que tiene y más tormentas tiene. Y lo que hemos visto este último año es la frecuencia y la intensidad de muchos de sus huracanes y ciclones en todo el planeta, que están aumentando cada año.

SE. El clima es realmente empujado por el océano. Este absorbe la mayor parte del calor que proviene del Sol y distribuye el calor y el frío alrededor del planeta, estabiliza la temperatura, absorbe la mayor parte del dióxido de carbono que se ha generado por la quema de combustibles fósiles. De hecho, se ha absorbido tanto que ahora el océano se está volviendo más ácido: se está acidificando, por ese exceso de dióxido de carbono. El océano ha absorbido mucho, pero hay un punto más allá del cual no puede seguir absorbiendo ese exceso de dióxido de carbono y se está volviendo cada vez más ácido.

CS. Otra gran consecuencia que está sucediendo en los océanos, realmente difícil de abordar, es que el aumento de los niveles de CO_2 crea ácido carbónico en el agua, y es lo que llamamos acidificación del océano. El pH promedio del océano está cambiando y el océano se está volviendo más ácido. La mayor parte de la vida en el océano está en el plancton; este tiene pequeños esqueletos de sílice en sus cuerpos. Una de las consecuencias es que la tasa de formación, producción y degradación de estos del plancton puede cambiar fundamentalmente.

JR. Los océanos están absorbiendo el 25 % o 30 % de todo el dióxido de carbono que emitimos cuando quemamos carbón, petróleo y gas natural, el cual es absorbido en los océanos creando ácido carbónico, y el pH baja. Eso está destruyendo toda la vida biológica en el océano. Está destruyendo los arrecifes de coral, todos los organismos en el océano que tienen conchas, porque el agua ácida rompe el carbonato de calcio, las conchas de plancton animal y diferentes organismos en el océano.

SE. Los océanos han sido más ácidos en el pasado, cuando la Tierra no era favorable para la humanidad. Podemos crear otro mundo que no nos sea favorable alterando la química del océano.

Ya estamos alterando la química de la atmósfera, la química de la tierra. Sin embargo, es el océano el que gobierna la forma en que funciona el planeta.

CS. Cuando la temperatura del agua aumenta hasta cierto punto, los pólipos expulsan las algas y básicamente terminas con el esqueleto del coral, pero está muerto. Es lo que llamamos el blanqueamiento de los arrecifes de coral. Si vas a esos lugares, encuentras áreas masivas que estaban vivas con corales, y los corales son la base de todos los peces y todas las larvas y la vida allí; pero cuando tienes un evento de blanqueamiento ¿qué sucede? Terminas con un esqueleto, un esqueleto blanco de coral sin vida.

La frecuencia de los eventos de blanqueamiento que estamos viendo en lugares como la Gran Barrera de Coral en Australia y en todo el mundo está aumentando. Este es el equivalente al oso polar, pero en el océano. Y el desafío es que la mayor parte de la biodiversidad marina se encuentra en los arrecifes de coral. La mayoría de las especies y la mayor parte de la diversidad de la vida, sin embargo, cubren un área muy pequeña. Cuando piensas en los océanos, es enorme, pero la gran mayoría se concentra en las zonas costeras y las plataformas continentales.

SE. La principal amenaza para el océano es lo que ves cuando te miras en el espejo: somos nosotros, es la humanidad, nuestras acciones de muchas maneras diferentes.

Por supuesto, los árboles importan, el suelo importa, la tundra importa; todo esto importa, pero el mayor sumidero de carbono es el océano. Y cuanto más lo sacamos del océano, más estamos interrumpiendo los ciclos de nutrientes que realmente capturan el carbono y distribuyen no solo el carbono, sino los nitratos y los fosfatos a escala mundial, creando un ecosistema que es favorable para nosotros, y realmente no estamos pudiendo comprender la magnitud de esta biogeoquímica global —quiero usar la palabra—. Porque es solo una palabra: *biogeoquímica*, y no es difícil.

Sin océano no hay vida, sin azul no hay verde. Deberíamos seguir el carbono, pero también deberíamos seguir el agua, en lo que se refiere al clima, en lo que se refiere a la vida, en lo que se refiere a lo que hay en el agua. No es solo hidrógeno y oxígeno, H_2O; es hidrógeno, oxígeno y todas las demás cosas, incluida la vida misma. La mayor parte de la vida en la Tierra está en el océano. Tampoco es solo la biomasa, también es la diversidad, también son estas conexiones asombrosas e intrincadas.

MS. El océano profundo es realmente una gran reserva de carbono. Los océanos también tienen una increíble capacidad de absorción de temperatura. Si el planeta no tuviera los océanos que tenemos hoy, sería inhabitable porque haría mucho calor. Así que los océanos son un ecosistema muy trabajador; muy poco de ellos está protegido.

SE. Pensamos en los dinosaurios como una especie de símbolo de gran edad, pero vas y te sumerges en el océano… y ahí es donde ves la historia de la vida. Todas las categorías de vida que nunca han existido en la tierra, pero que todavía existen en el océano, y sus raíces se remontan no solo a cientos de millones de años. Solo piensa en los microbios, piensa en el plancton que genera el oxígeno del que estamos hablando. Miles de millones de años de historia invertidos en mantener un planeta que todavía funciona como lo ha hecho a lo largo de los siglos, pero ahora sintonizado de una manera conveniente para nosotros. ¿Y por qué de manera perversa estamos tomando nuestro sistema de soporte vital, el océano, y alterando deliberadamente su química a través de lo que estamos poniendo en él y de lo que estamos sacando de él?

Si yo fuera un alienígena malvado con la intención de trastornar la manera como funciona el planeta, la Tierra, diría: "Cambia la química, cambia la temperatura; lo cambiarás todo". Cambiar la temperatura del océano: lo estamos haciendo; cambiar la química del océano: lo estamos haciendo, y eso a través de la acidificación, pero también interrumpiendo los ciclos de nutrientes mediante la extracción industrial, la pesca industrial de calamar, cangrejo, atún, pez espada, la vida en el océano.

Cada especie, cada grupo de especies, cada categoría, ya sean crustáceos, arácnidos o vertebrados, sea lo que sea, cada uno tiene una parte especial de la química. Y sumemos a eso las aves que toman del océano; también devuelven fosfatos y nitratos, agregando nutrientes. El poder del fitoplancton, el poder del zooplancton, el poder de los peces; y, en última instancia, mantienen la Tierra segura para toda la vida, tanto en la tierra como en el mar. Entonces sacar algo de vida silvestre del océano para apoyar nuestra prosperidad, hemos podido hacerlo a lo largo de los siglos, a la manera de "OK, tomamos algunos peces; OK, tomamos algunos camarones, tomamos algunas ballenas, tomamos algo de esto, tomamos algo de aquello". Pero nada en la escala que hemos iniciado desde mitad del siglo XX, y acelerada a un nivel ahora, en la que hablamos de la extracción sostenible de la vida silvestre del océano.

Cuando yo era una joven científica que comenzaba a aprender sobre el océano, en la década de 1950, se pensaba que las bacterias en el océano eran especiales, raras, inusuales. Ahora sabemos que el océano es un hogar asombroso para la mayor abundancia y diversidad de bacterias en el planeta. Ahora sabemos que estamos asociados con bacterias en nuestro microbioma, que mantienen nuestra química personal. La química de la vida realmente en muchos sentidos está gobernada por los microbios. No lo sabíamos; no podíamos saberlo. Realmente no habíamos desarrollado la tecnología para poder ver el alcance de la vida en el mar a nivel microbiano.

Podemos ver causa y efecto: lo que estamos haciendo en la tierra está modificando y cambiando la naturaleza de las aguas en alta mar. Estamos cambiando la química del océano no solo limitándose a la desembocadura del Mississippi o a la bahía de Chesapeake o a la bahía de Santa Mónica en América del Norte, alrededor del mundo, frente a la costa de la India, la costa de México, o dondequiera que se encuentren las grandes ciudades, estamos viendo contaminación. Pero luego se distribuye y la recoge todo el planeta. Todo está conectado.

La mejor acción que podemos tomar es detener el flujo de los materiales dañinos que hemos permitido que fluyan hacia el mar y ver lo que estamos sacando del océano; eso también está dañando el tejido de la vida y la química del océano.

Nos hemos vuelto tan buenos en la búsqueda, captura y comercialización de la vida silvestre del océano que sus poblaciones han disminuido significativamente desde mediados del siglo xx, y muchas desde la década de 1970.

La mejor esperanza que tenemos para restaurar la integridad de la salud en estos sistemas es detener la matanza, aliviar la presión. En el Pacífico, según las mejores estimaciones, en las que confío, y el análisis científico, existe menos del 3 % de la población adulta de atún rojo. Y ha sucedido en décadas. No estamos hablando de siglos o milenios. Estamos hablando de mi reloj, del tiempo de mi vida; desde donde estaba el atún rojo cuando era niña hasta donde está hoy, una disminución de más del 97 %. ¿Por qué? Porque los hemos comercializado como algo deseable para comer. No es porque haya una larga historia de comer atún rojo o una larga historia de comer tiburones o una larga historia de comer pez espada. ¡También el pez espada! En la década de 1950 se consideraba que no era un pescado deseable para comer. Y nadie comía lubina chilena. Nadie. Y no, no estaban disponibles para ser sacados de aguas antárticas y transportados a alto costo a otras partes del mundo. Comer camarones no era algo común, excepto en algunos lugares del mundo, remontándonos a la década de 1950; ahora lo es en todas partes. Se espera que tengamos camarones en docenas de formas diferentes en cualquier parte del mundo que desee tenerlos. Contamos con los medios para capturarlos, transportarlos frescos, incluso vivos, de una parte del planeta a la siguiente en horas. Esta nueva capacidad de comercializar, de transportar. La refrigeración por sí sola ha marcado una gran diferencia en el consumo de vida silvestre oceánica.

¿Qué es el pescado? Tienes una cena de pescado; tenemos, digamos, pescado y papas fritas, populares en todo el mundo. Empezando por —quiero decir que el término realmente comenzó en, supongo, Inglaterra— *fish and chips*. ¿Qué tipo de pescado? Solía ser bacalao, y luego el bacalao disminuyó hasta el punto en que está. El bacalao es ahora uno de los pescados más caros para comer. Entonces, en lugar de comer bacalao, es probable que estés comiendo tiburón o cualquier otro tipo de pescado, pero simplemente lo llaman pescado. "Puedes tener la pesca del día". ¿Qué es? ¡Solo esa etiqueta! Podría ser cualquiera de mil especies diferentes. Si estás comiendo pollo, es una especie de pájaro. No tienes *Kentucky fried bird*. No tienes una hamburguesa de mamíferos; piensas que probablemente sea carne de res. Es una locura la manera como vemos a los peces; es solo "Oh, es un pescado". ¿Qué tipo de pez estás comiendo? ¿Dónde vivía? ¿Cuántos años tenía? ¿Cómo era su vida cuando vivía en el océano, o dondequiera que estuviera, tal vez en agua dulce? Pero cualquiera que sea el pez, ni siquiera les damos la dignidad de tener un nombre. A veces lo llamamos atún, salmón o pez espada, pero puede que no sea ninguna de esas cosas; puede ser algo totalmente diferente. Estamos comercializando la vida silvestre del océano como pescado, y a veces, incluso cuando dices, es una lubina o es pargo, ¿qué tipo de pargo? ¿O ni siquiera es pargo? Podría ser cualquier cosa. Simplemente no es justa la manera como tratamos la vida en el océano. No tenemos respeto. No los tratamos con el tipo de dignidad que le hemos concedido a la mayor parte de la vida en la Tierra. Necesitamos hacer un mejor trabajo de otorgar dignidad y respeto a todas las formas de vida que consumimos. Y mirándonos unos a otros, necesitamos una gran dosis de dignidad.

Sacas el 90 % de cualquier cosa de un sistema, ya sea una fábrica, una ciudad, un bosque o el océano, y cambias la forma en que funciona el sistema. No hay exceso de "piezas" en el océano; no hay exceso esperando que los humanos salgan y tomen al menos en la escala que ahora estamos imponiendo. Millones de toneladas de vida silvestre oceánica… Solíamos pensar: "No importa", que el océano es demasiado grande para fallar. Pero ahora tenemos la evidencia de que el océano está fallando. Eso significa que nuestro sistema de soporte vital está en serios problemas. ¿Qué podemos hacer al respecto, individual y colectivamente? Miremos el problema: lo que estamos sacando del océano, lo que estamos metiendo en el océano, y luego preguntémonos qué papel tengo como individuo, las elecciones que hago, qué puedo hacer con lo que elijo comer, qué materiales elijo usar y qué hago con esos materiales una vez que termino con ellos.

Necesitamos proteger la fuente de oxígeno; necesitamos proteger todo el sistema vivo que hace posible nuestra existencia. Es nuestro soporte vital. Toda mi vida he escuchado a la gente mirar a alguna criatura extraña, y a menudo la primera pregunta es: "¿De qué sirve? ¿De qué sirve este pequeño cangrejo peludo que vive en el océano? ¿Puedo comerlo? ¿Me va a comer? ¿Es peligroso? ¿Es comestible? ¿De qué sirve?". Lo más bueno que hacen la mayoría de las criaturas desde nuestro punto de vista egoísta es que nos mantienen vivos. Nuestra existencia depende de su existencia. Lo más importante que extraemos del océano es nuestra existencia. Es nuestra vida.

¿Dónde están seguros los peces en todo el mundo, en todo el océano? ¿Dónde está la gente diciendo que protegeremos proactivamente esta área, alrededor del 3 %? Incluso es en las islas Galápagos, donde el 97 % de la tierra está protegida, pero solo alrededor del 3 % del océano está altamente salvaguardado. Hay un área más amplia que se llama reserva, pero la pesca está permitida allí. Y se puede decir que es pesca restringida. Pero miro la evidencia. Como científica, eso es lo que hago. Todo el mundo puede hacer lo que hace un científico: observas cuidadosamente, informas honestamente, miras la evidencia. Según la evidencia, en estas áreas manejadas donde se permite la pesca, aunque está restringida de alguna manera, la recuperación no se lleva a cabo. Puedes mantenerla en un cierto nivel, pero realmente no puedes recuperarlas, no puedes restaurar las poblaciones al nivel que estaban hace unos años. Si realmente quieres salvaguardar un área y tener recuperación, tienes que protegerla realmente. Quiero decir, puedes ir allí y bucear, puedes disfrutarlo, puedes tomar un bote en la superficie, pero no mates cosas.

MS. Una coalición de países dispuestos en todo el mundo, junto con muchas organizaciones sin fines de lucro, ha dicho esencialmente que necesitamos proteger al menos el 30 % del planeta y el 30 % del océano[37]. Los océanos están muy poco representados en términos de conservación y protección global. Menos del 5 % del océano actualmente está protegido.

SE. En este momento es totalmente irreal esperar que el océano continúe entregando cien millones de toneladas de animales silvestres cada año y deje atrás esta estela de destrucción que socava la capacidad del océano para continuar brindando un nivel de vida, un nivel de prosperidad para el mar y para el planeta en general.

MS. No se trata de decirle a la gente qué hacer, eso es algo que mucha gente trata de hacer con mucha gente en todo el mundo: y rara vez funciona. Quieres que la gente presente sus propias soluciones y su propio interés. La forma en que estamos cosechando y explotando el océano a gran escala comercial es claramente insostenible, pero también hay millones de personas que dependen de una economía pesquera saludable.

---

37   El acuerdo "30x30", para convertir el 30 % del planeta en áreas protegidas para el 2030. Cumbre de la Biodiversidad 2020.

CS. Hay más de mil millones de personas en el planeta para quienes su principal fuente de alimento todos los días proviene del océano. Si tenemos el colapso de estos sistemas, podría haber un colapso de las pesquerías; al tener el colapso de las pesquerías, afectaría los medios de vida y el bienestar de millones de personas.

II

LA DÉCADA DECISIVA

¡Cómo es de larga una década, pero cómo es de corta una vida entera! Se ha planteado que para el 2050 debemos llegar a Neto Cero en emisiones y a un límite máximo de 2 °C de incremento promedio en la temperatura del planeta. Para lograrlo se definió que se deben reducir las emisiones un 50 % cada década. Algunos países desarrollados han venido reduciendo sus emisiones, y las energías renovables son cada vez más importantes. Para darle una escala de tiempo al compromiso, me gusta pensar en el añejamiento de un buen whisky o un buen ron, que se mantiene en su barrica por dos o tres décadas en algunos casos. Guardamos un whisky por ese tiempo, que es el tiempo que nos falta para llegar al 2050, simplemente para luego degustar una buena copa. La esperanza de vida en países desarrollados está por los ochenta años, estamos entonces hablando de más o menos media vida humana, lo que se toma un buen whisky en añejar, lo mismo que necesitamos para cambiar el rumbo de la crisis planetaria. Es un gran esfuerzo, pero no muy largo. Comenzamos este libro hablando del año 2015 y sus hitos, los avances en concientización sin duda son enormes, pero falta mucho. ¿Vamos a la velocidad necesaria?

CS. Los últimos diez años han sido claves en la concientización: en el 2010 se levantaron muchas alarmas en el planeta sobre cambio planetario, pero han pasado diez años y no se ven grandes cambios. Se dice, sin embargo, que la década que comenzamos ahora es la más importante de la humanidad en este sentido. Contamos con diez años para hacer un gran cambio.

Una de las ideas más importantes que tenemos es que necesitamos recuperar. Necesitamos traer de vuelta la naturaleza.

Tenemos que considerar la restauración de algunas de las áreas que se han perdido y degradado. Porque no hay duda: con nuestras prácticas, hemos perdido enormes áreas a través de la desertificación y otros procesos; áreas que ya no son viables para la agricultura.

JR. En 2021 acabamos de entrar en la década decisiva, la primera fase de recortar las emisiones a la mitad entre 2020 y 2030, y desafortunadamente no vemos signos convincentes de avanzar en la dirección correcta.

CS. Las elecciones que hagamos solo en los próximos diez años determinarán el futuro de la vida en la Tierra.

PP. Fue Benjamin Franklin quien dijo: "Puedes demorarte, pero el tiempo no lo hará y el tiempo perdido nunca se volverá a encontrar". Ahí es donde tenemos que ser conscientes.

El cambio que necesitamos hacer para descarbonizar nuestras economías globales es más grande que la Revolución Industrial, y el tiempo que tenemos es mucho menor que la revolución tecnológica. No tenemos décadas para hacer eso. Necesitamos hacer los cambios importantes en los próximos diez a quince años. Por todos los medios posibles, por cierto, pero nos requieren a todos.

SE. En 1990 dije que los próximos diez años serían los más importantes para abordar los problemas que ahora enfrenta el declive planetario. Lo dije en 2000, lo dije en 2010 y lo vuelvo a decir. Aquí estamos; se está volviendo cada vez más difícil. Imagina si pudiéramos volver a 1990; imagina si pudiéramos volver a 1950 armados con lo que ahora sabemos. ¿Qué decisiones tomaríamos sabiendo lo que ahora sabemos?

Hay cosas que podemos hacer que nos llevarán de este declive que ahora estamos viendo a la recuperación y, en última instancia, a la estabilización de los sistemas planetarios, que debemos tener trabajando a nuestro favor, o la Tierra no será habitable para nosotros. Los microbios prosperarán, los hongos tal vez; pero para tener un planeta que sea favorable a la humanidad, tenemos que tomar medidas.

CS. También necesitamos invertir realmente en adaptación. Tomar medidas para reducir el impacto y mejorar la resiliencia que tenemos al clima, porque incluso si detenemos el cambio climático en este momento, vamos a sentir los impactos durante los próximos cien años. Ahí es donde necesitamos tanto la mitigación como la adaptación para poder reducir realmente los impactos, y no solo proteger y salvar tantas especies y vida en la Tierra, sino también poder mejorar las vidas de tantos de esos 8.000 millones de personas en el planeta.

Nuestra teoría subyacente aquí es que si protegemos cincuenta de los lugares más importantes del planeta, podemos asegurar la supervivencia de al menos la mitad de toda la vida en la Tierra. Ese es el objetivo que nos hemos fijado: construir un portafolio de conservación.

Lo que me preocupa, cuando se trata de estos lugares —en mi caso más como biólogo que como naturalista—, es que si no hacemos lo correcto en los próximos diez años, no vamos a estar aquí más adelante.

MP. No debemos exceder o elevar la temperatura en más de 1,5 °C para fines del siglo. La única manera de hacerlo es tener una economía de cero neto[38] para 2050, y la única manera de tener una economía de

---

38 *Cero neto* significa recortar las emisiones de gases de efecto invernadero hasta dejarlas lo más cerca posible a cero.

cero neto para 2050 es aumentar nuestro objetivo de reducción de emisiones en al menos un 50 % para 2030.

Si caminamos las cuatro transiciones, realmente podemos lograr el cero neto para la mitad del siglo, y esas cuatro transiciones —la energía, la industria, las ciudades y la infraestructura, y el uso de la tierra— son elementos clave para lograr ese cero neto.

LA ECOLOGÍA HUMANA

Energía, industria, ciudades e infraestructura para lograr cero neto para el 2050. Ya sabemos lo que se debe hacer, ese es el primer gran logro. Dice Laudato: "La ecología humana implica también algo muy hondo: la necesaria relación de la vida del ser humano con la ley moral escrita en su propia naturaleza. Existe una 'ecología del hombre', porque el hombre posee una naturaleza que él debe respetar y que no puede manipular a su antojo. Un dominio sobre el propio cuerpo se transforma en una lógica a veces sutil del dominio sobre la creación. Aprender a recibir el propio cuerpo, a cuidarlo y a respetar sus significados es esencial para una verdadera ecología humana". Es algo fundamental en la forma como debemos ver el mundo, del que somos parte. ¿Cuál es el trasfondo de la crisis planetaria desde el lado humano?

PP. Vivimos en un mundo en el que alrededor del 10 % de la población mundial posee el 75 % de la riqueza y se lleva la mayor parte de los ingresos mundiales. El 1 % más rico de las personas en el mundo posee el doble de riqueza que el resto del mundo en conjunto.

El 25 % más rico del mundo consume el 75 % de los recursos mundiales. Y eso ya está mucho más allá de las capacidades planetarias; sin embargo, las demás personas también tienen derecho a mejorar su nivel de vida. Si solo pusieras un impuesto a la riqueza del 5 % a los multimillonarios del mundo, obtendrías alrededor de 1,7 billones de dólares al año. Ese dinero por sí solo sería suficiente para sacar a 2.000 millones de personas de la pobreza; sería suficiente para acabar con el hambre en los próximos diez años; bastaría para enviar a la escuela a todos los niños que actualmente no asisten a ella o proporcionar atención médica universal.

Nuestros patrones de producción y las presiones sobre el planeta, como el cambio climático, solo son causados hoy en día por una parte relativamente pequeña de la población mundial, cuando todavía la mayoría de las personas aspiran a niveles significativamente más altos de riqueza, y tenemos que ser muy conscientes de cómo desarrollaremos nuestros modelos económicos en el futuro.

FB. Por habernos levantado esta mañana y haber hecho actividades generamos un impacto en emisiones. Cómo hacemos para entender nuestro rol personal, y ahí, por ejemplo, te pregunto, ¿tú sabes cuál es tu huella de carbono?

¿Tú sabes por ejemplo cuánto te cuesta el metro cúbico de agua? Saber que en mi casa se consumen ciertos metros cúbicos y cuánto se está pagando por ello. Pero, por el contrario, si a uno le preguntan cuál es el plan del celular, uno sabe cuántos megas de datos tiene, cuánto paga. Fíjate que las prioridades y el foco están en otras cosas.

Uno podría hacer una cuenta que yo hago de manera frecuente: Colombia emite más o menos 300 millones de toneladas de CO_2 al año, y somos 50 millones de personas. Eso quiere decir que cada uno de nosotros es "dueño" de seis toneladas de CO_2 al año. Entonces, si tú eres dueño de seis toneladas, ¿qué estás haciendo al respecto?

CS. De los 8.000 millones de personas que viven hoy, 1.300 millones están en la pobreza. Hay una aspiración perfectamente razonable para que esas personas tengan una vida mejor y tengan acceso a los alimentos, al agua y a la energía que necesitan. Pero también está claro que la forma de vida de muchos de nosotros, incluidos aquellos que vivimos en países desarrollados como Estados Unidos u otros, es insostenible. No podemos desarrollar todo el planeta para tener el mismo nivel de vida y de consumo que en Europa o los Estados Unidos. No podemos hacerlo.

MS. Creo que la justicia climática está arraigada en última instancia en la justicia racial; que los problemas son creados por un pequeño segmento de la sociedad, que puede ser estratificado a menudo por raza, a veces por género, ciertamente por nacionalidad, y en gran medida por riqueza.

PP. Estamos cerca de tener mil millones de personas que se van a la cama con hambre todos los días, sin saber si se despiertan al día siguiente, y el cambio climático es un factor importante en eso. Los números van en la dirección equivocada. Hay más de cien millones de desplazados. Una vez más, los números van en la dirección equivocada. El cambio climático por sí solo podría llevar esa cifra de desplazados a mil millones de personas para finales de siglo.

CS. Cuando hay una presión creciente sobre los recursos naturales, una de las consecuencias es que las personas no tienen suficiente para comer o beber. Se moverán, y por lo general tiende a haber guerras. De hecho, creemos que hay una conexión muy clara entre el medio ambiente y la sostenibilidad, la seguridad y los medios de vida de las personas. Así que hay un tema muy importante sobre el fortalecimiento de las áreas protegidas como anclas de la gobernanza como una forma de reconstruir las sociedades.

MS. Aquellos que tienen poco, aquellos que han sido marginados, aquellos que viven a menudo en comunidades rurales o en áreas altamente contaminadas, están contribuyendo muy poco al cambio climático, y, sin embargo, se les pide que soporten la carga directa de este cambio.

La conservación debe servir a las comunidades que a menudo están en la primera línea de la conservación.

FK. Yo hablo de recursos naturales porque para nosotros el territorio es integral: nosotros no separamos de la tierra el río, los árboles, los animales; ni lo que producimos tampoco es separado, sino que todo es una visión integral que tenemos de todo lo que nos rodea. Y todo tenemos que cuidarlo de manera respetuosa; eso dicen los abuelos.

VN. Muchas personas también han dicho que el cambio climático es más que tiempo, y que es más que estadísticas, que es más que puntos de datos y que se trata de las personas.

Pero mientras muchas comunidades africanas están en la primera línea del cambio climático, no están en las portadas de los medios de comunicación del mundo.

Una de las horribles realidades de la crisis climática es el hecho de que los menos responsables de ella son los que están sufriendo algunos de los peores y más graves impactos del cambio climático. Un dicho popular es que todos podemos estar enfrentando la misma tormenta —que en este caso es el cambio climático—, pero definitivamente estamos en diferentes barcos; por lo tanto, no nos afecta de la misma manera.

MP. *Laudato si'* es probablemente una de las piezas más importantes que se han desarrollado para pensar en el desarrollo. Es un documento que está cambiando el paradigma.

Está definiendo el claro papel del ser humano en relación con el planeta y la naturaleza. Está diciendo que no estamos aquí para dominar el planeta, o la Tierra, o la naturaleza. Estamos aquí para trabajar juntos, para colaborar, para trabajar de manera integral e integradora con el planeta, con la Tierra y con la naturaleza, como una forma de alcanzar nuestro nivel deseado de desarrollo.

Cuando pensamos en el cambio climático y cuánto está relacionado con nuestro propio comportamiento, debemos reconocer cuál es nuestra huella, con qué podríamos contribuir para reducir el cambio climático. Si sabemos que estamos utilizando muchas fuentes de energía, estamos usando demasiado el coche, estamos produciendo demasiados residuos, el punto es: ¿qué podemos hacer para reducir eso? ¿Qué podemos hacer para reciclar? Así que hay muchas cosas que podrían estar en nuestras manos para cambiar nuestro comportamiento y contribuir al bien del planeta.

CF. Se trata de las mejoras tecnológicas y de la superioridad de las tecnologías, pero también de la equidad. También se trata de solidaridad, también se trata de moralidad. No se trata simplemente de una solución tecnológica, se trata de convertirse en el mejor ser humano que sabemos que todos pueden ser. Se trata de hacer frente a nuestra más alta comprensión y nuestra más alta expresión de lo que significa ser miembros de la humanidad.

LA CIVILIZACIÓN ECOLÓGICA

Convertirnos en mejores seres humanos, entender qué significa ser miembros de la humanidad, el mayor sentido de solidaridad y conmiseración. "Todos podemos estar enfrentando la misma tormenta, pero definitivamente estamos en diferentes barcos", dice Vanessa Nakate. Entender cuál es nuestra huella personal sobre el planeta. Durante mi vida, en los últimos años, he evidenciado avances muy importantes en la mentalidad de las personas en los temas relacionados con estas conversaciones. En consumo, en alimentación, en equidad. Hoy, por ejemplo, no es concebible para nuestras hijas gran parte de la alimentación que teníamos en nuestra infancia y somos cada vez más consciente de que somos lo que consumimos, y además, de que de allí vendrá nuestra salud futura. Lo mismo en el uso de los recursos y materiales, el reciclaje, el consumo de agua y energía, o en las reflexiones sobre la equidad y desarrollo de los menos favorecidos. Cada vez tenemos mayor consciencia de que las cosas que sacamos de la naturaleza para nuestro sustento no son gratis, pero nos falta un enorme camino por recorrer para cambiar paradigmas.

WD. El bien y el mal caminan uno al lado del otro; siempre lo han hecho y siempre lo harán. Todo lo que realmente puedes hacer es tratar de caminar del lado de lo que es correcto y, en ese sentido, de lo que es justo.

MS. Si claramente en el planeta producimos muchos más alimentos de los que necesitamos, el hecho de que todavía tenemos personas que pasan hambre es un problema de distribución y cadenas de suministro, realmente no es un problema de cantidad, porque sabemos muy bien que muchos alimentos se desperdician en un sentido comercial durante el envío, transporte, almacenamiento, etc.

WD. El cambio climático y la crisis de extinción pueden ser problemas de la humanidad hoy en día, pero no fueron causados por la humanidad en su conjunto. Fueron causados por una cosmovisión particular que podemos rastrear —y sin denigrar de ella— hasta el Renacimiento y la Ilustración.

CS. Cuando miras la historia de cualquier nación, lo que haces es comenzar con una base de recursos naturales muy fuerte. Luego, históricamente, tiendes a usarlos y los derribas; al tiempo, llegas a un cuello de botella particular, que es cuando tienes menos recursos, y luego, una vez alcanzas un cierto punto de desarrollo económico y social, comienzas a recuperarte y reconstruir. Es como una curva. Diferentes naciones están en un punto diferente en esa trayectoria. Por ejemplo, la mayor parte de Europa ya pasó por el cuello de botella y está en la siguiente etapa en este momento. Han fortalecido la educación, han fortalecido el sistema, tienen vidas más largas, sus tasas de natalidad son mucho más bajas.

Destruyeron enormes áreas de la naturaleza hace cien, doscientos, trescientos años; utilizaron esos recursos naturales para alimentar este desarrollo de la sociedad antes de la Revolución Industrial. Por cierto, eso es lo mismo que sucedió aquí en el este de Estados Unidos, donde se talaron áreas masivas de bosques. Pero ahora lo que están viendo es que, especialmente muchos países de Europa, algunos aquí y algunos en Asia, básicamente ya están al otro lado de esto, y básicamente están reconstruyendo, restaurando, rehabilitando, comenzando, se están moviendo en esa dirección.

Hay algunos países que están básicamente en el cuello de botella en este momento. Básicamente están en el punto más bajo en esto en términos de que recién están llegando a la transición. Sus poblaciones están empezando a estabilizarse. Tienen suficientes recursos y riqueza para que realmente puedan tomar decisiones diferentes, y pueden darse el lujo de decir que van a reservar una tercera parte para la conservación.

Hay otros países que todavía son increíblemente pobres, que dependen en gran medida del uso de esos recursos naturales para el desarrollo, que todavía están explotándolos mucho. Y eso incluye, por ejemplo, a muchos países de África.

Las elecciones y la capacidad de tomar algunas decisiones difieren dependiendo de dónde se encuentre en ese camino de desarrollo. Lo que espero es que al acelerar las tecnologías como la energía solar y otras, podamos ayudar a algunos de estos países a alcanzar ese avance más rápido. Y no tenemos que esperar cien años. No tenemos que cometer los mismos errores que cometimos aquí en Estados Unidos o en otras partes del mundo más desarrollado.

¿Cuáles son los países que están haciendo algunas cosas realmente interesantes? Están sucediendo muchas cosas interesantes en Europa. En particular, algunos de los países escandinavos han hecho algunas elecciones realmente interesantes y han hecho bien algunas cosas allí.

Lo que fue realmente alentador ver en el nuevo plan, las estrategias, toda la visión de Europa en este momento, es básicamente el *verde*. Se trata de reconstruir mejor, de una manera más sostenible. Todo el modelo de desarrollo para Europa en este momento está anclado en la sostenibilidad. Y pueden darse el lujo de hacerlo.

Estoy bastante intrigado por lo que estoy empezando a ver en China. El jurado todavía está deliberando sobre eso, pero en realidad creo que la civilización ecológica, algunas de las decisiones que están tomando en este momento, podrían ser interesantes. Hay mucho en una fase de aprendizaje en este momento. Literalmente han estado estudiando el resto del mundo, pero las decisiones que van a poner en marcha son muy interesantes.

Hay que hacer de la bioeconomía un elemento central del futuro del desarrollo de Colombia y de muchos otros países. Porque se trata de cómo se construye el desarrollo utilizando la naturaleza de manera sostenida, ya sea mirando cuestiones genéticas o si se trata de mirar el turismo.

TL. Yo diría que si alguien ha sido culpable aquí, son los estadounidenses, por promover un estilo de vida que parece solo una cornucopia sin fin. Y es interesante, porque no entramos en la Segunda Guerra Mundial con esa actitud.

Crecí en un apartamento en Manhattan y, por alguna razón, tenía el trabajo de sacar la basura por la puerta trasera para que la recogieran una o dos veces por semana. Así que sé cuánta basura salía por la puerta trasera, y sé cuánta sale por mi puerta trasera hoy. Actualmente es mucho mayor en volumen. Y reciclábamos cosas automáticamente: cada botella que usábamos, ya fuera leche o Coca-Cola o lo que fuera, se reutilizaba. Mi ejemplo favorito es cuando surgió el papel de aluminio: ahí estaba este maravilloso nuevo implemento de cocina, pero ¿qué hacíamos? Lo usábamos y lo lavábamos, y lo usábamos y lo lavábamos hasta que finalmente se despedazaba, en lugar de agarrar una hoja nueva, que es lo que la gente tiende a hacer hoy en día. Perdimos ese sentido de frugalidad, y creo que también perdimos el sentido de lo que todo eso significa para otras personas en el mundo. De ahí nuestras altas tasas de consumo. Si no hubiéramos perdido eso, ¿habríamos previsto el problema de los plásticos? Posiblemente.

No tiene sentido sentarse allí a quejarse del pasado, pero había esos elementos clave que desaparecieron, y a mí me encantaría verlos regresar. Tu calidad de vida no resulta disminuida por reciclar tus botellas.

CF. Si tomamos la proporción promedio actual de cuánto está consumiendo cada persona en términos de carbono o cualquiera de nuestros otros recursos, y entendemos que ese individuo necesita pasar a un estilo de vida que mantenga la calidad de vida, pero que use muchos menos recursos, mucho menos carbono, entonces el problema no es la población humana, sino la intensidad del uso de los recursos.

Lo que hay que hacer a medida que avanzamos es cambiar completamente la relación entre el per cápita y el consumo de recursos. Mientras mantengamos esa relación, esa proporción estática, entonces tenemos que el 1 % más rico de la población consume la mayor parte de los recursos, pero ¿qué pasaría si pudiéramos entender, en primer lugar, que el consumismo es limitado? El consumismo ilimitado en la cúspide de la pirámide es completamente irresponsable.

FB. En Colombia hay un millón y medio de familias que cocinan con leña y con carbón. Entonces es un tema que para mí es más *comprehensive,* como dirían los americanos, mucho más integral que el tema de transición, y es el tema de soberanía energética[39].

PP. Hemos sido capaces de sacar de la pobreza a cientos de millones de personas y darles una vida digna. Todavía queda trabajo por hacer, pero lo hemos conseguido bastante bien. Desafortunadamente lo hemos hecho de una manera que, francamente, no es sostenible. Nuestro modelo lineal de producción extractiva de sacar cosas del suelo, atiborrarlas, meterlas en una fábrica para hacer algo y luego tirarlas a los vertederos, o cada vez más a los océanos, está llegando a su fin.

Por eso, la palabra *sostenibilidad* —que significa *sostener,* que significa seguir haciendo lo que estamos haciendo actualmente— tiene cada vez menos sentido para mí.

---

39 El ejemplo de Colombia se utiliza en varias oportunidades a lo largo de este texto, pero puede ser extrapolado a otros países, cada uno con sus diferencias.

LA ECONOMÍA CLIMÁTICA

¿Podemos luchar por más sostenibilidad? ¿Podemos buscar cambios en el consumismo? Hoy sabemos que la naturaleza no es gratis, tiene un precio, un costo. Cada pez que sale del océano o cada corte de carne de res que llega a nuestra mesa, cada kilómetro recorrido con combustibles fósiles, cada carga del celular, el cemento o el acero que utilizamos para construir: todo tuvo un costo al ser extraído de la naturaleza y al ser transformado. Utilizamos enormes cantidades, y de manera exponencial, de energía. Una de las grandes inquietudes que tenía cuando comencé este proceso de entrevistas era las mediciones macroeconómicas mundiales, el crecimiento de las empresas o los países donde históricamente solo se han tenido en cuenta medidas de crecimiento y rentabilidad. "¿Cuánto facturas y cuál es tu EBITDA?", "¿cuánto creció la economía y cuál es la inflación?", "la inflación es el impuesto de los pobres", son conversaciones frecuentes en el veloz mundo actual. No es frecuente aún escuchar en el discurso de los políticos, economistas o empresarios sobre los costos de la materia prima y de su renovación en la naturaleza. Hablemos sobre la economía climática y el capital natural.

MP. Es importante para todos reconocer que ahora vivimos en una economía climática, una economía en la que medir el carbono es probablemente más importante que medir el producto interno bruto (PIB). ¿Qué tan eficiente podría ser un país? Está relacionado con cuál es el nivel de carbono que podrían incluir en sus actividades económicas, o incluso en las ciudades. Esta nueva economía climática nos está diciendo cuáles podrían ser las consecuencias económicas de la falta de acción.

La economía climática ya está impulsando las nuevas formas en que los países deben definir sus estrategias para el desarrollo.

CS. El problema es que cuando hablamos de la economía y los modelos económicos, y sobre el PIB, estas medidas son completamente imperfectas, porque en realidad no reflejan el verdadero capital. Hay un movimiento creciente de personas que hablan de la necesidad de referirse realmente no solo a la economía y al capital tradicional, sino también al capital natural.

Muy a menudo lo que sucede es que al observar el desarrollo económico utilizando medidas tradicionales, lo que estamos haciendo efectivamente es erosionar ese capital natural. Hay costos que nunca se incluyen en las ecuaciones económicas, y esos costos se transfieren generalmente de dos maneras, ya sea a otros lugares o al futuro.

Necesitamos una forma diferente de contabilizar la naturaleza y el planeta que realmente tenga en cuenta el capital natural y que nos permita tener una imagen más completa del planeta.

JR. Necesitamos reducir las emisiones a la mitad durante la próxima década y necesitamos detener realmente la pérdida de biodiversidad, lo que significa detener todas las formas de deforestación. Y para eso no podemos esperar a que algo reemplace al PIB.

MP. No podemos enfrentar ninguna pandemia si pensamos que el PIB significa solo números y actividades productivas, sin ninguna consideración social para dar a la gente condiciones no solo para obtener algún tipo de asistencia, sino también para creer en el sistema sanitario.

SE. Los peces no son gratis; hay un costo que todos estamos pagando cuando se extraen peces del océano, pero tenemos un sistema de contabilidad que nos anima a extraer del océano. ¿Por qué? Porque están ahí afuera esperando ser atrapados: son gratis. Cualquiera puede hacer esto. Y si tienes un barco grande, puedes llevar más peces. Si tienes la tecnología para encontrar y comercializar, puedes tomar aún más pescado. Si te unes a una corporación, puedes tomar una gran cantidad de pescado y comercializarlo en todo el mundo: son gratis. El único costo involucrado es ir a buscarlos y comercializarlos.

Hay tanta contabilidad falsa, que no tiene realmente en cuenta lo que extraemos de la naturaleza; y eso es parte de lo que mantiene esta extracción insostenible, y esta ilusión de que es gratis.

JR. Necesitamos hacer algunas reformas bastante significativas de nuestro sistema económico.

PP. Se trata de garantizar que eliminemos estos parámetros más amplios, que se interponen en el camino, moviendo los mercados financieros a largo plazo, poniendo un precio a estas externalidades, como el precio del carbono o el precio del agua, asegurando que en todo lo que hagamos tengamos una mentalidad de restauración y reparación.

JR. Nada nos impide ponerle un precio a la naturaleza; podemos ponerles un precio a los árboles vivos y erguidos, tanto en bosques templados como tropicales.

PP. Necesitamos ahora una nueva forma de capitalismo que sea realmente más inclusiva, que sea más equitativa, que tenga en cuenta no solo el capital financiero, sino también el capital humano, ambiental y social. Y es una tremenda oportunidad; nos estamos moviendo en esa dirección. Algunos países han redefinido lo que significa el éxito al alejarse de esta medida de producción definida de manera estrecha como el PIB.

JR. Hay muchas propuestas sobre la mesa y diferentes formas de riqueza inclusiva que toman en consideración no solo los componentes tradicionales del PIB, que es apenas una medida de la intensidad y el volumen de producción en una economía, que no pone ningún valor por la cantidad de árboles que se cortan o cuántos recursos se explotan o cuánto daño ambiental se hace.

CF. Uno de los primeros ejemplos muy útiles de ese progreso es el concepto de la *economía de la rosquilla*[40], en la que se explica muy claramente que tenemos que ser capaces de estar a la altura de todas las necesidades de nuestra población y mantenernos dentro de

---

40 *Economía de la rosquilla o donut* es una teoría para el desarrollo sostenible que combina los límites plantarios con los límites sociales. Desarrollada por Kate Raworth, economista de la Universidad de Oxford. Libro *Economía de la rosquilla: 7 maneras de pensar en la economía del siglo XXI.*

los límites del sistema planetario. Así que creo que la *economía de la rosquilla* es uno de los mejores esfuerzos que han hecho los economistas para empezar a entender las complejidades. El PIB es una métrica muy irresponsablemente simplista.

PP. Ya hoy no es un problema con la tecnología o el dinero, francamente, o el conocimiento sobre cómo hacerlo. Es una cuestión de fuerza de voluntad humana. ¿Estamos dispuestos a hacerlo? ¿Estamos preparados para hacerlo? ¿Somos capaces de estar a la altura de ese reto mayor de, ante todo, reconocer que somos ciudadanos del planeta Tierra, que estamos conectados?

LOS COMBUSTIBLES FÓSILES

Tocamos un tema fundamental: la fuerza de voluntad humana. Y llegamos a uno de los temas más delicados y polémicos de la discusión climática y del futuro de la humanidad: los combustibles fósiles. El carbón, el gas, el petróleo, que han sido el gran motor del desarrollo del planeta por décadas y se han convertido en crecimiento y en el bienestar que hoy han alcanzado miles de millones de personas. ¿Es realmente posible desmontar el esquema económico actual, basado en combustibles fósiles, sin que esto signifique retroceder y frenar el anhelado desarrollo y el bienestar?

JR. El 98 % o el 99 % de todos los científicos establecidos en el mundo que publican en revistas científicas revisadas por pares respaldan la física que demuestra, sin ninguna duda, que la quema humana de combustibles fósiles y la tala de bosques están impulsando el calentamiento global o el cambio climático.

Tenemos evidencia científica de que para nuestro futuro humano en la Tierra debemos deshacernos de los combustibles fósiles.

MP. Está claro que la principal fuente de emisiones actualmente en el mundo es la energía[41].

FB. El enemigo no es la fuente de la energía, el enemigo son las emisiones. ¿Si el petróleo no tuviera emisiones seguiría siendo malo?, ¿sí o no?, gran pregunta.

Los combustibles que tienen carbono como tal, y que pueden ser el carbón, el petróleo y el gas principalmente, hace 30 años eran, en orden de magnitud, entre el 80 % y el 85 % de la matriz energética del mundo. Hoy en día siguen siendo esa misma matriz con esos mismos porcentajes. ¿A dónde voy con eso? La torta ha crecido porque somos muchos miles de millones más de personas, pero el peso específico de estos combustibles es muy grande, y todavía se requieren. ¿Y qué sucede? Parte del tema es que son combustibles relativamente seguros desde el punto de vista de suministro y son de alguna manera económicos. Entonces ¿el mundo cómo puede reemplazarlos?

Supongamos por un momento que los americanos o los europeos, 800 millones de personas, transicionan, descarbonizan y son carbono neutrales. ¿Qué pasa con 7.200 millones de gentes adicionales que no lo hicieron? Esta no es una conversación en la que algunos pueden y otros no. También ahí hay un tema adicional, y es que para muchos no es un tema de transición energética: para muchos es un tema de acceso a energía. Hay gente que aún no tiene energía.

Hay unos debates que son muy difíciles; uno ve a África, 1.400 millones de personas, y apenas 400 millones tienen algún acceso a energía. Entonces el mundo le va a decir a África: "Usted no puede desarrollar el gas que encuentra en África" y dejar que la gente siga

---

41 "¿Cuánto gas de efecto invernadero emitimos en cada cosa que hacemos? Fabricar (cemento, acero, plástico), 31 %; consumir energía (electricidad), 27 %; cultivar y criar (plantas y animales), 19 %; desplazarnos (aviones, camiones, cargueros), 16 %; calentar o enfriar (calefacción, aire acondicionado, refrigeración), 7 %". *¿Cómo evitar un desastre climático?* Bill Gates, 2021.

cocinando, por ejemplo, con carbón o con mierda, con bosta, con desechos animales o con basura. Yo tengo problemas con esas cosas, cuando alguien desde Europa, desde la comodidad de la riqueza, dice: "No, es que en África no deben o no pueden".

La Agencia Internacional de Energía dice que antes de bajar la demanda del petróleo, va a subir. De 100 o 102 millones de barriles al día actuales, va a pasar a 105, 110 o 115. El mundo va a requerir mucha más energía en forma de combustibles líquidos.

PP. La industria fósil, con ese nivel de ganancias, francamente, no tiene ninguna intención de descarbonizarse. Y está gastando mucho dinero, ya sea en cabildeo o influyendo en otros, directa o indirectamente; está jugando con la ciencia para continuar con su licencia para operar.

SE. Cuando los economistas dicen: "Nosotros seguimos el dinero", lo que deberían estar diciendo, y ahora algunos de ellos lo están diciendo, es "Seguimos el carbono".

CS. Sabemos que hemos desarrollado en los últimos cien años una economía y un modelo que se basa en el uso de combustibles fósiles, carbón para producir energía, gasolina, petróleo, y tantas cosas, con todos los problemas que eso acarrea. Y es claramente insostenible desde todos los puntos de vista; entre otros, los combustibles fósiles se van a agotar. Pero como sea que lo estemos haciendo, estamos cambiando fundamentalmente la composición de la atmósfera en el planeta.

Ves que la contaminación ha aumentado constantemente hasta el punto que son más de 400 ppm (partes por millón de CO_2 en la atmósfera), que es más alto que en cualquier otro momento de la historia humana. Ahora, las causas de eso, toda la evidencia da a entender que está claramente ligado y vinculado a la Revolución Industrial y, en particular, al uso de combustibles fósiles.

El metano es otro gas de efecto invernadero importante, y en realidad es mucho más potente que el CO_2 en términos de impactos en la atmósfera. Y eso también está relacionado no solo con el uso de combustibles fósiles, sino que es muy interesante e importante, directamente relacionado con el ganado: en la producción de carne.

Hemos visto los datos, cómo realmente se ha llegado al punto en que producir energía a través de fuentes renovables es en realidad menos costoso que producirla desde combustibles fósiles. Y ese es, en mi opinión, un punto de inflexión en nuestra sociedad, donde realmente podemos cambiar, y lo que tenemos que hacer es acelerar este cambio y esta transformación.

CN. En el Cuarto Informe de Evaluación del IPCC[42] en 2007 se concluía que el calentamiento global que se estaba observando era en 90 % debido a los gases de efecto invernadero que estamos emitiendo, y también decía, con más del 90 % de certeza, que los riesgos para el futuro son tremendos, que si seguimos en esta trayectoria, la temperatura aumentará de 3 a 4 °C antes de que termine el siglo. Así que ese informe fue el primero que captó la atención mundial, y realmente hizo que muchos países comenzaran a ser mucho más avanzados, particularmente los países europeos, en términos de sus políticas. Por eso creo que se otorgó el Premio Nobel de la Paz: reconoció que fue el primer informe que tuvo impacto[43].

MS. ¿Cuál es la parte costosa de la fabricación y la construcción cuando se trata del clima? En realidad, es el uso de combustibles fósiles en la producción de acero, ¿verdad? Es el uso de combustibles fósiles en el proceso de fabricación de cosas, de construcción, y cómo construimos y con qué construimos.

CF. La razón por la que la producción de cemento es tan contaminante y tiene efectos invernadero es que hoy en día depende de

---

42 Cuarto Informe de Evaluación del Panel Intergubernamental sobre Cambio Climático (IPCC) de las Naciones Unidas.

43 En 2007, el IPCC y Al Gore recibieron el Premio Nobel de la Paz "por sus esfuerzos para desarrollar y difundir un mayor conocimiento sobre el cambio climático generado por el hombre y sentar las bases y medidas para contrarrestar dicho cambio".

la quema de combustibles fósiles para la industria. La razón por la que el acero emite tantas emisiones es porque hoy en día depende de los combustibles fósiles para su producción. La razón por la que el calentamiento y el enfriamiento son contaminantes es porque todavía dependemos de los combustibles fósiles para calentar y enfriar nuestras casas y edificios. La razón por la que el transporte es tan contaminante...

Si se junta todo eso, si se suman todos los combustibles fósiles de todo el mundo y se entiende que dichos combustibles son básicamente productores de energía, entonces se ve que el 80 % de toda la energía que utilizamos, ya sea para la electricidad, el acero, el cemento, el transporte, la calefacción o la refrigeración, sea lo que sea, sigue proviniendo de combustibles fósiles. Así que sí, es absolutamente necesario que nos ocupemos de los combustibles fósiles.

Hay un puñado, llamémoslo diez o quince países en el mundo, que son productores de petróleo, gas y carbón, y luego exportan a todos los demás. Entonces, nosotros, los que importamos combustibles fósiles, somos víctimas y dependemos de esos países, de si nos quieren vender y a qué precio nos quieren vender.

FB. La guerra en Ucrania nos enseñó, y les enseñó a los europeos, de manera muy real y muy cercana, que depender de un tercero no siempre es bueno. Primero, porque no tienes confiabilidad, porque no vas a poder de alguna manera predecir los precios. Fíjate en Europa, que decían, "es que el gas no hace parte de nuestra agenda". Y a raíz de la guerra les tocó decir que la energía nuclear y el gas obviamente son parte de la ecuación, son fundamentales. Porque si no hay gas, va a ser muy difícil darle energía a la gente.

MS. Uno de los grandes usos de los combustibles fósiles está en la agricultura, en los fertilizantes, que se fabrican utilizando un proceso que depende en gran medida de los combustibles fósiles.

Desafío a cualquiera que esté leyendo o viendo esto a que durante un día o una semana mire lo que está pasando a su basura en términos de desperdicio de alimentos. Es una cantidad extraordinaria, y todo eso se puede convertir en carbono. Y es muy probable, si no vuelas en avión durante esa semana, que ese sea tu mayor aporte de carbono, lo que estás dejando en el fregadero de tu cocina o poniendo en tu basura.

CF. Entre el 75 % y el 80 % está relacionado con los combustibles fósiles, y el otro 25 % es el uso de la tierra, lo que significa alimentos, deforestación, todo lo que tiene que ver con la tierra. Entonces, para tener grandes números, digamos, tres cuartas partes provienen del lado de la energía, una cuarta parte proviene del lado de la tierra. Tenemos que abordar ambas cosas, pero la urgencia absoluta tiene que ver con el uso de combustibles fósiles.

VN. Hablaré de lo que dice la ciencia y de lo que han dicho los diferentes expertos. Sabemos que la AIE (Agencia Internacional de la Energía) ha dicho que si queremos tener una oportunidad de lucha de 1,5 °C de incremento, no podemos tener nuevas inversiones en combustibles fósiles. También hemos tenido al secretario general de la ONU, el señor António Guterres[44], diciendo repetidamente que cualquier nueva inversión en combustibles fósiles sería una locura moral y económica.

MK. Nosotros siempre hemos estado meditando que esa actividad de sustraer órganos de la tierra es algo que se debe ir reemplazando por otras formas, porque todo lo que hay en la tierra es algo que se acaba, es irreparable; y llega un momento en que son como intestinos, se le daña todo el intestino y ahí sí se va a generar un caos. Estamos cerca de eso. Si hay una necesidad y se está supliendo con eso que existe en la tierra, debemos inventarnos otras cosas que puedan reemplazar ese daño irreparable que nos lleva al exterminio de nosotros mismos. Podemos intentarlo. Siempre han existido caminos

44 Ha sido un crítico de los combustibles fósiles y pide eliminarlos gradualmente para evitar una "catástrofe" climática, y ha pedido una reducción en su producción de un 30 % para el 2030.

para vivir sin dañar, pero también hay caminos en que se puede vivir dañando. Entonces, el espíritu que debe cambiar es comenzar a reemplazar esas soluciones; que no sea el camino de la extracción de los órganos y del corazón de la madre tierra.

VN. Si te encuentras en una zanja, la primera regla es dejar de cavar esa zanja. Eso es lo que tienen que hacer los líderes del norte global: primero tienen que abordar la causa raíz, que es detener todas las nuevas inversiones en combustibles fósiles, y luego, empezar a abordar las cuestiones de la adaptación y también las pérdidas y los daños.

Tienen la responsabilidad histórica de abordar la crisis climática para detener todo nuevo desarrollo de combustibles fósiles. Pero, lamentablemente, todavía vemos que se otorgan licencias para acuerdos de petróleo y gas en muchos de los países del norte global. Primero deben detener la causa raíz del problema.

JR. Muchas cosas me ponen nervioso hoy, debo decir; pero lo que más me pone nervioso es cuando sigo leyendo sobre instituciones financieras que invierten en nuevos combustibles fósiles, en nuevas explotaciones petroleras, en nuevas plantas alimentadas con carbón, en nuevas infraestructuras que nos dejan amarrados por otros cincuenta años. Debemos empezar a eliminarlas gradualmente.

FB. Pongamos un ejemplo hipotético: hay un país que desde el punto de vista de un mandato dice, "vamos a cortar los combustibles fósiles", es un país que no tiene todos los recursos de los países más avanzados y su población sigue creciendo. ¿De dónde saca ese país la plata para comprar otro tipo de energía? O termina en un lugar donde empobrece a su mismo país de manera radical, porque no puede comprar esa energía, no la puede producir, las economías empiezan a caer, no se generan empleos, no se generan los impuestos, no se genera la posibilidad de hacer inversión y todo el mundo acaba sufriendo.

Ecopetrol[45] puede ser al año entre el 10 % y el 15 % del presupuesto nacional en términos de las transferencias[46]. Lo que son impuestos, regalías, y los dividendos. Quito esa fuente de financiación del país y ¿de dónde sacas el 10 % del presupuesto nacional? La respuesta es: con más impuestos. Esa es una opción. Otra es que bajo el presupuesto porque no puedo invertir tanto y entonces el país va a ir mucho más despacio.

Hoy en Ecopetrol, por ejemplo, el 75 % del valor de la compañía son hidrocarburos, 15 % es transmisión y renovables. Entonces a esa compañía en veinte años más debemos generarle un 50 %, 60 % más de tamaño. Una nueva compañía en la que 75 % eran fósiles y todo lo nuevo son bajas emisiones. Es como crear una compañía nueva en veinte años, que sea todo de bajas emisiones.

La tecnología de *fracking* existe hace 70, 80 años. Y en el 2009 ya la conversación de los americanos era qué tan rápido podían construir terminales de importación de LNG[47], porque Estados Unidos no iba a tener gas. Hoy en día el mayor productor de gas y petróleo del mundo se llama Estados Unidos, gracias al *fracking*, y la reducción de emisiones en Estados Unidos ha sido inmensa porque, entre otras cosas, el gas producido con *fracking* ha desplazado, entre otros, al carbón.

Tuve en Ecopetrol la oportunidad de arrancar una operación de *fracking* en 2019, la que en cuatro años pasó de cero a 160.000 barriles por día; eso es un montón de producción. Me decían: "No, pero es que las emisiones del *fracking* son un desastre". Yo les decía: "El promedio mundial está en orden de magnitud en 50 kilos de CO_2 por barril y el *fracking* del Permian de Ecopetrol tiene 7,8. Yo

---

45   Es la empresa de petróleos de Colombia, de economía mixta, la segunda petrolera más grande de Latinoamérica y la 313 del mundo, según *Forbes*.

46   Se utiliza a Colombia a modo de ejemplo, pero se pueden mirar casos similares en los distintos países.

47   Gas natural licuado para ser transportado en forma líquida.

diría que hagamos más *fracking* y menos del resto de cosas porque es mucho mejor desde el punto de vista de emisiones".

Si no tuviéramos el gas, tendríamos que utilizar otra fuente de energía que habría que generar de alguna manera. Necesitamos más hidroeléctricas o más térmicas de carbón y de gas o quemar combustibles líquidos como el diésel, que posiblemente son menos amigables que el gas. Y ahí en últimas uno se va estrellando con la realidad en la vida.

Tenemos que mejorar la calidad de los combustibles, tratar de que produzcan menos emisiones. El gas particularmente, más dañino cuando se fuga como metano, cuando tiene un *leak* como metano y no como CO_2. ¿Qué hago entonces para detectar las emisiones fugitivas de metano?

En Colombia particularmente, diría que tenemos una matriz que es bastante limpia, principalmente hidráulica.

Colombia[48] tiene potencial hidráulico, eólico, solar, de geotermia, generar con el calor de subsuelo. Colombia tiene también que definir qué quiere hacer con la energía nuclear, porque ese es un debate fascinante. Desde el punto de vista técnico, qué mejor que tener energía nuclear, que no genera emisiones.

Todos hablamos de emisiones, de agua hablamos bastante menos, y yo creo que los conflictos en el mundo van a suceder por la falta de agua.

Yo creo que la humanidad tiene que apostarle a seguir bajando las emisiones, a avanzar con motores más eficientes que generen menos emisión de los combustibles que hay hoy, y generar tecnologías como la solar, con mucha más eficiencia.

¿Hoy cómo reemplazas el plástico que se utiliza en medicina, por ejemplo? O ¿cómo reemplazas algunos de los componentes que

---

48   Colombia, a manera de ejemplo, sirve para mostrar lo que pueden hacer otras economías también.

van para fertilizantes? Eventualmente ya hay algunos reemplazos. ¿Cómo reemplazas algunos de los productos de petroquímicas? Y por último, para poner un ejemplo muy puntual, en Colombia hay once millones de motocicletas. En el 2022, Colombia vendió más motocicletas que Estados Unidos, teniendo este país norteamericano seis veces más población. Uno ve en la India y en Colombia cuatro o cinco personas en una moto yendo al colegio, llevando el producto, o al domiciliario trabajando, lo que sea. ¿Cómo le dices a once millones de personas que tienen ahí su sustento, el transporte, la movilidad, que no tenemos más combustibles como la gasolina, y que no pueden andar en moto? ¿Qué hacemos con esa coyuntura? Uno puede hacer un mandato y decir que a partir de tal fecha no se venden más motocicletas a gasolina en el país. Entonces ¿cuál es la alternativa?

Lo vemos en nuestro país: cuántos vehículos viejos de los años noventa y ochenta hay todavía circulando. Dile a la gente que saque un dinero importante adicional por un vehículo, un camión o una tractomula, pues no se puede, no lo puede hacer todo el mundo. Y el país ha hecho programas de chatarrización, y nos demoramos años, y son peleas con los americanos por los TLC por la velocidad con la que se hace.

Se pueden tener vehículos eléctricos, vehículos de hidrógeno, son una gran cantidad de opciones que van a ir desplazando a los combustibles fósiles.

Hay un tema que es la realidad económica, que de alguna manera también nos enseña que hay que hacer transición, que hay que descarbonizar, pero teniendo en cuenta la realidad económica y teniendo en cuenta también que no podemos desmejorar las condiciones de la gente.

Balanceemos desarrollo, generación de empleos, formalización, condiciones de vida, salud, educación con todo el tema de poder darle energía a la gente y descarbonizar también.

¿Por qué más bien no hacemos un desarrollo sostenible de esos recursos y permitimos que la gente siga avanzando? Que los niños cuando están creciendo, cuando el cerebro les está creciendo[49], tengan agua, tengan alimentación. Esa es mi posición, pero yo creo que todas las fuentes de energía tienen que ser válidas. Y puede que llegue alguna energía disruptiva que hoy no conocemos.

Si genero peores condiciones, si empobrezco más a la gente por perseguir la transición, pues no hice mucho. Entonces hay que avanzar, ir sacando los combustibles fósiles con tiempo, pero van a durar décadas todavía.

Otro tema que me parece trascendental es que sin transmisión no hay transición. Tú puedes tener toda la eólica, la solar, la geotermia, lo que quieras, pero si no la puedes traer a los mercados de consumo, pues difícilmente vas a poder hacer transición.

Crecer en la transición, generar valor con cosas de reducción de emisiones, o incluso un concepto que es el de ser agua neutral, no solo carbono neutral. Generar valor a través del conocimiento, la ciencia y la tecnología, y, por último, devolverles plata a los accionistas.

La transición se puede hacer, pero no puede ser por decreto, no puede ser impuesta, no puede ser artificial; tiene que permitir que no dejemos gente perjudicada en el camino, que no dejemos gente afectada o abandonada.

La transición ya está sucediendo. Hace veinte años un panel solar no era económicamente viable. Hoy se instalan todos los días. La tecnología ha avanzado. Y el costo de implementar una tecnología de esas bajó hasta hacerlo económicamente atractivo. De hecho, hace años se vienen invirtiendo más recursos en energías renovables que en energías fósiles. Pero la base de la cual está creciendo la energía renovable es muy pequeña. O sea, así crezca anualmente en un

---

49 El cerebro humano tiene su mayor desarrollo en los primeros mil días de vida, desde la gestación hasta los dos años. En ese periodo se deben hacer los mejores esfuerzos en nutrición infantil.

porcentaje muy alto, pues va a tomar mucho tiempo para que ese 80 % que hoy tienen los fósiles sea desplazado y baje al 50, 40, 30 %.

La transición no acaba de comenzar. Lleva años de mucha gente haciendo muchas cosas. Hay que construir en vez de estar peleando a todas horas: construyamos.

MP. Necesitamos un sector financiero que sea plenamente capaz de entender que deben alinear sus propias carteras en el límite de los 1,5 °C. Necesitamos tener un sector financiero que no esté poniendo una moneda más en las instalaciones de carbón, que no esté financiando más combustibles fósiles, exploración o explotación.

PP. El mensaje Neto Positivo[50] es garantizar que tengamos políticas climáticas más ambiciosas y comprometernos con las partes interesadas en torno a eso; que nos quedemos en el 1,5 °C; que nos deshagamos de los subsidios perversos —1,3 billones de dólares directos, 7 billones de dólares indirectos— que los Gobiernos siguen dando a los combustibles fósiles.

VN. Los esfuerzos de adaptación no serán suficientes, por lo que es importante que los líderes del norte global asuman la responsabilidad de la mitigación, la adaptación y el tratamiento de las pérdidas y los daños. También creo que los líderes del sur global tienen la responsabilidad de imaginar un futuro que no funcione con combustibles fósiles, sino un futuro que funcione con energías renovables.

---

50 Paul Polman. *Net Positive: How Corageous Companies Thrive by Giving More Than They Take.* Es un libro que narra su experiencia como expresidente de Unilever y sobre cómo las compañías deben hoy evolucionar hacia el pensamiento no solamente de ser neutrales, sino también de generar una huella positiva en el planeta y en la sociedad.

SOMOS PARTE DE LA NATURALEZA

"Somos víctimas", "seguimos el carbono", "imaginar un futuro que no funcione con combustibles fósiles", son frases que han hecho carrera, y es cada vez más frecuente escuchar a los ambientalistas una frase célebre que dice que "debemos dejar de estar aparte de la naturaleza para ser parte de ella". Es fundamental, dentro del proceso de entendimiento de la emergencia planetaria, comprender que no solo hemos sido los causantes de dicha crisis, como hemos venido hablando, sino que somos tan solo una especie vecina más de la naturaleza. Y entender que no solo es nuestra responsabilidad, sino también un motivo de orgullo y de un Propósito mayor, con mayúscula, formar parte de esta generación que entendió todo y logró evolucionar hacia una mejor convivencia con la naturaleza. Hablemos sobre esos enfoques antropocéntricos o biocéntricos de nuestro actuar colectivo y que nos hablan sobre la forma en que debemos identificarnos con la naturaleza.

WD. Cuando hemos visto la Tierra desde el espacio, sabemos lo insignificantes que somos. Sabemos que somos un planeta finito y, al mismo tiempo, hemos demostrado a través de nuestro ingenio que todos somos realmente hermanos. Todos somos uno; todos somos hijos de África. Todos estamos estrechamente relacionados no solo entre nosotros, sino con cualquier otra forma de vida sensible.

CS. Hay dos puntos de vista filosóficos principales sobre la relación entre los humanos y la naturaleza. Uno que se ha llamado muy a menudo un enfoque *biocéntrico* y otro que es más *antropocéntrico*. La visión *antropocéntrica*, que ha sido impulsada por muchas religiones y culturas de todo el mundo, básicamente afirma que somos parte de la naturaleza, pero que la naturaleza está ahí para satisfacer a los humanos. Por lo tanto, está a nuestro servicio.

PZ. Esto no se sincroniza con la noción de que somos parte del sistema. Creo que la mejor explicación de por qué está sucediendo esto es porque nos hemos separado de la naturaleza. No entendemos muy bien cómo somos parte del sistema; la urbanización nos ha hecho estar muy alejados de la naturaleza, y eso no lo entendemos.

CS. Hay otro punto de vista filosófico, que personalmente comparto, un punto de vista mucho más *biocéntrico*, que es reconocer que somos una más de los millones de especies en este planeta, y que tenemos la responsabilidad ética y moral de cuidar esas especies por su propio bien y existencia, y que no tenemos ningún derecho particular de favorecernos a nosotros mismos. Y que nosotros, como administradores de este planeta, tenemos la responsabilidad moral de cuidar la naturaleza y el valor de la vida en la Tierra.

Laudato si', por mucho que me guste, por muy importante que sea, es una visión *antropocéntrica* en muchos sentidos. Hay elementos que son más *biocéntricos*, pero es un tema interesante para ver cómo nos relacionamos con la naturaleza. Creo que cómo nos relacionamos entre nosotros como humanos, como familias y sociedades, y cómo nos relacionamos con la naturaleza, es una parte muy importante de la solución aquí.

Mira: "Si cuidamos la naturaleza, la naturaleza nos cuidará". Y otra cita que me pareció muy buena, que funciona bien en inglés: "Necesitamos pasar de vivir separados de la naturaleza a ser parte de ella"[51].

MK. En vez de decir que ese sentir —porque es un sentir— de que hacemos parte de la naturaleza, y de que dependemos de la naturaleza, más bien podríamos decir que debemos identificarnos con la naturaleza; el problema es que no nos identificamos con ella. Es muy fácil decir "nosotros hacemos parte" o "dependemos"; debemos hacer un ejercicio de identificarnos como parte de la naturaleza. Uno tiene que identificarse; cuando uno se identifica, uno actúa como tal. Pero hay algo que nos separa, que una cosa es decir y pensar que

---

51   *"We Moved from Being a Part of Nature to Being Apart from Nature"*, *sir* David Attenborough.

hacemos parte y otra cosa es realmente identificarnos y actuar como tal. Cuando cambias esa lógica hacia la naturaleza, la relación que tienes con esta, ahí está la verdadera sabiduría que debemos tener con el cuidado de la madre tierra.

PZ. Tenemos que recordar que somos una de millones de especies, no la especie rey de todas.

Recordemos que el planeta no es nuestro reino; que somos parte de este planeta y que tenemos la inmensa responsabilidad de ponerlo en equilibrio de nuevo.

Tenemos que olvidarnos de ser el rey de la naturaleza y el rey de este planeta, recordar que somos una de millones de especies, solo una. Tenemos que ser parte del sistema.

Esta es una oportunidad para restablecer nuestra relación con la naturaleza. Ahora tenemos que poner a la naturaleza en el centro de la solución.

WD. El problema radica en la presunción de que el mundo es nuestro para explotarlo a nuestro antojo, y aquí vuelvo al tipo fundamental de ideología de Occidente que heredamos del momento liberador de la Ilustración.

PP. Es una comprensión diferente del mundo que nos rodea; nuestra interconexión con todos los seres vivos, por cierto. No se trata solo de nuestros semejantes.

TL. Una de nuestras ventajas, si lo reconocemos, es que somos un primate social. Así que pasamos mucho tiempo los unos con los otros sin pensar en el mundo natural que nos sustenta. Tenemos que salir de eso y poner a la gente más en contacto con la naturaleza.

MS. Necesitamos a la naturaleza mucho más de lo que la naturaleza se necesita a sí misma. Lo que me encanta de la serie *Nature Is Speaking*[52] es ese replanteamiento de este viejo debate: la gente

---

52　Conservation International (CI) lanzó una campaña global llamada *"Nature Is Speaking"*, en la que utilizó voces de personajes famosos para personificar a la naturaleza. Ver en YouTube.

II

necesita a la naturaleza; no, la naturaleza realmente no necesita a la gente. La humildad que implica, y la comprensión que se está viendo ahora, cuando miran afuera al mundo de hoy y lo que hemos pasado con la pandemia y con el cambio climático a nuestras puertas, y los incendios forestales en California, Australia y el Amazonas, la comprensión final de que es realmente cierto: necesitamos la naturaleza mucho más de lo que la naturaleza nos necesita a nosotros.

TL. No se puede vivir con éxito en una economía que no dependa de la naturaleza. Y eso es lo que hemos estado tratando de decir.

SE. Solo necesitamos abrirnos y darnos cuenta de que la vida es un milagro. La Tierra es un milagro. Considera las probabilidades en un universo que es magnífico, pero realmente no amigable con nosotros o con la vida tal como la conocemos. Ha tomado 4.500 millones de años que la Tierra se vuelva habitable para los humanos; nos ha llevado muy poco tiempo descifrar esos sistemas que han tardado tanto en desarrollarse. Realmente deberíamos estar asombrados de los sistemas naturales que durante miles de milenios han funcionado de tal manera que tenemos un planeta, nuestro hogar, en un universo que realmente no es muy adecuado para nosotros. Así que debemos agradecer a la naturaleza, agradecer a la Tierra. Estamos aquí, vivimos, prosperamos, y parece perversamente que estamos haciendo todo lo que está a nuestro alcance para hacerla menos amigable, menos adecuada para nosotros.

Todos estamos conectados con el resto de la vida en la Tierra: es la conexión con toda la vida, desde los microbios hasta las ballenas, los elefantes, los árboles, todas las demás cosas que mantienen a la Tierra como un planeta favorable. Los humanos pensamos que todo gira en torno a nosotros, que podemos separarnos de la Tierra y mudarnos a otro planeta. Bueno, podríamos hacer eso si nos llevamos todo el resto de la vida en la Tierra con nosotros; pero, para hacerlo, tendríamos que tomar el océano, la atmósfera, el suelo, todo lo que hace que la Tierra sea la Tierra, y moverlo con nosotros. Estamos conectados con todo lo demás.

Ahora estamos empezando a ver cómo estamos conectados con todo lo demás, y que si se hace daño a los bosques de Colombia, o al Amazonas, o a los bosques del norte de Rusia o Canadá o de los Estados Unidos o de Indonesia, o a los arrecifes de coral o a las profundidades marinas en cualquier lugar, eso afecta a todos, en todas partes.

No debemos pedirles a los peces que reparen el daño; debemos mirarnos a nosotros mismos y decir: "Tenemos que darle un respiro al océano; tenemos que dárselo a la naturaleza, en todos los aspectos". La idea de proteger plenamente grandes áreas del planeta: no se trata de salvar árboles, aunque tendríamos que salvar árboles o pájaros o peces o ballenas; se trata de salvar la naturaleza.

Tenemos una oportunidad como nunca antes y tal vez nunca más: usar el conocimiento que ahora tenemos para emprender acciones, y las acciones de un tiempo individual, cientos de veces, 1.000 u 8.000 millones realmente se suman, ya sea que sepas que alguien en la otra parte de tu ciudad o tu país o en el otro lado del mundo está haciendo su parte o no. Puedes hacer tu parte e inspirar a otros a hacer su parte. Tenemos que hacerlo si queremos tener éxito como especie en este mundo realmente interconectado. Somos una parte de la naturaleza, no estamos aparte de ella.

TL. Deberíamos pensar en términos mucho más amplios, es decir, en cómo puede el futuro de la civilización humana estar integrado en los paisajes naturales. En lugar de pensar en la naturaleza como algo con una cerca alrededor en medio de paisajes terrestres o acuáticos dominados por el hombre, pensemos en lo contrario: donde los asentamientos y las actividades humanas están integrados en la naturaleza y todo es verde alrededor.

SE. Cuando sabes cuál es el problema, puedes mirarte a ti mismo y estar dispuesto a tomar una decisión personal para ayudar a resolverlo.

LAS CONFERENCIAS DEL CLIMA

"No se puede vivir con éxito en una economía que no dependa de la naturaleza". El movimiento climático, tan influyente en la actualidad, es más joven que viejo, aunque todo es relativo. Hoy me decía mi hija que somos de otra generación, y creo que aunque frente a la historia de la humanidad, esa diferencia de décadas nos verá como la misma generación si lo somos frente a nuestro reto con el planeta. Somos las generaciones responsables de este momento vital para el futuro. Son pocas décadas desde que comenzó a tomar fuerza y a darse forma a las conferencias internacionales de clima y de biodiversidad. Cada vez tienen más eco e impacto los compromisos que allí se definen. Uno de los grandes retos actuales es poder llevar estos mensajes a la masa de la población y que no se queden ese conocimiento y conclusiones entre expertos y activistas. Y lograr también que la ciencia climática no tenga fronteras políticas. Hablemos sobre los avances en la conciencia sobre el tema, sobre las conferencias del clima y de la naturaleza, el ambientalismo.

CS. El mundo realmente comenzó a despertar a la crisis ambiental en 1972, con la conferencia de Estocolmo. Ese fue un momento en el que nos dimos cuenta de que *estábamos* cambiando este planeta.

TL. El Día de la Tierra se creó poco después. Estados Unidos se involucró en una legislación asombrosa y en la construcción de instituciones, creando la Agencia de Protección Ambiental, el Consejo de Calidad Ambiental, la Ley de Especies en Peligro de Extinción, la Ley de Aire Limpio, las Leyes de Agua Limpia. Una asombrosa serie de logros con muy poca oposición. Estos fueron liderados en muchos casos por republicanos moderados. Todo eso sucedió bajo Richard Nixon y Gerald Ford. A Nixon no le importaba particularmente un camino o el otro, pero pensó que sería bueno para él, políticamente. Básicamente, era un tema bipartidista. Solo más tarde, a partir de la campaña de Ronald Reagan, la gente comenzó a usarlo como algo negativo en la campaña. Y eso tal vez no era para sorprenderse, porque hubo algunos inconvenientes en la regulación, pero se convirtió en un factor de división política muy inapropiado.

CS. Una especie de conciencia global se creó en torno a la Cumbre de la Tierra en Río de Janeiro en 1992. Fue entonces cuando vimos a muchos países del mundo unirse y firmar y adoptar una serie de acuerdos globales en torno a la biodiversidad, el clima y la desertificación y el uso de la tierra. Eso fue un hito importante.

MP. Algunos años después, el mundo adoptó lo que se llamó el Protocolo de Kioto. Fue el primer instrumento que realmente hizo posible la implementación del Acuerdo de París. Pero lo importante de recordar es que el Protocolo de Kioto fue aprobado para definir obligaciones solo de los países más desarrollados. En ese momento había obligaciones de reducción de emisiones solo para el mundo desarrollado, lo que se llamó el Anexo 1: alrededor de 32 países, en su mayoría los de la OCDE que estaban sujetos a obligaciones de reducción de emisiones, en ese momento en un objetivo muy modesto.

En 2013, en Varsovia, en la Conferencia de las Partes 19 (COP19), el mundo decidió crear lo que se llamó las Contribuciones Previstas y Determinadas a Nivel Nacional (INDC). Ese fue el instrumento para dar a cada país del planeta la posibilidad de definir su propio objetivo para hacer frente al cambio climático.

Desafortunadamente, desde 1992 hasta ahora, la Convención sobre la Biodiversidad ha perdido poder y la Convención sobre el Cambio Climático ha ganado no solo poder, sino relevancia en el mundo.

PZ. El movimiento climático ha sido increíblemente poderoso para enviar el mensaje de lo que está sucediendo con la crisis climática. Estoy absolutamente seguro de que la crisis de la naturaleza perdida es tan importante, si no más, pero nosotros, como movimiento conservacionista, no hemos sido tan efectivos comunicando el impacto de la pérdida de la naturaleza en nuestra salud, en nuestro planeta, en nuestra gente y en nuestro futuro.

PP. Me gustaría agregar el tema de los Objetivos de Desarrollo Sostenible (ODS)[53] y que la razón por la que los tenemos es en realidad gracias a Colombia y Brasil, que propusieron en Río+20, en 2012, encontrar una secuencia para los Objetivos de Desarrollo del Milenio, que nos hicieron llegar a la mitad del número de personas que viven en la pobreza, lo logramos. De ahí surgieron los Objetivos de Desarrollo Sostenible, que básicamente decían: "Terminemos el trabajo, no dejemos a nadie atrás. Erradiquemos la pobreza de manera irreversible, y hagámoslo de una manera más sostenible y más equitativa".

VN. Hemos estado en muchas cumbres o conferencias en las que se asumen muchos compromisos, se anuncian muchas promesas, pero luego la acción que sigue es muy decepcionante. Es importante que los líderes sepan que los compromisos no detienen el calentamiento del planeta.

FK. Si uno hace un análisis jurídico de una declaración, pues es una mera declaración de voluntades políticas de los jefes de Estado. Lo que sí debemos trabajar es lo que continúa en cada uno de los países, de qué manera cada Gobierno se compromete y convierte como parte de su legislación esta declaración para que sea vinculante jurídicamente.

JR. Hemos estado tratando de elevar la emergencia del planeta al Consejo de Seguridad, porque la emergencia planetaria no es un problema ambiental; no tiene nada que ver con la naturaleza o la protección del medio ambiente. Tiene que ver con la seguridad, con nuestra capacidad de tener sociedades estables. Y el Consejo de Seguridad de las Naciones Unidas es la unidad superior preocupada

---

53   Objetivos de Desarrollo Sostenible, Naciones Unidas, 2015. https://www.un.org/sustainabledevelopment/es/objetivos-de-desarrollo-sostenible/.

por la estabilidad de las sociedades. Ahí es donde observamos las inestabilidades que conducen a conflictos en las sociedades, y la emergencia planetaria es de este tipo. Debería terminar en el Consejo de Seguridad. Eso sería lo apropiado, también enfatizando el hecho de que es una emergencia que atraviesa todas las agencias de la ONU. No es una cuestión del Programa de las Naciones Unidas para el Medio Ambiente (PNUMA), no es una cuestión del Programa de las Naciones Unidas para el Desarrollo (PNUD), no es una cuestión de la Unesco, etc. Atraviesa todo, porque estamos hablando de la estabilidad del planeta, que es la base de la economía. Así que necesitamos ponerlo justo donde pertenece, y es en el Consejo de Seguridad.

VN. Lo que necesitamos es una acción real que nos conduzca a un futuro mejor y no objetivos que permitan lagunas de mayor destrucción ambiental. Porque hemos tenido líderes que han dicho que llegaremos a cero emisiones netas para esta fecha —2040 o 2050—; lo mismo ocurre con los líderes empresariales, pero luego, en los años que conducen a eso, siguen dando licencias para una mayor destrucción del medio ambiente.

PP. Estamos en un punto en el que empezamos a descubrir que el costo de no actuar para abordar estos problemas es en realidad cada vez más alto que el costo de actuar.

SE. Los niños de diez años lo entienden; ¿por qué aquellos que tienen los hilos del poder no pueden entender que nuestra máxima prioridad debe ser mantener el planeta seguro? Todo lo demás depende de ello.

MS. Lo que estamos viendo en este momento es la politización del cambio climático; una parte está diciendo, "esto es un problema", y la otra está diciendo, "no es un problema".

CS. Cada vez más confío en que hay una voluntad de los políticos, de los Gobiernos, del sector privado, de tantos actores clave de la sociedad que quieren que esto suceda, que se solucione.

Existe un artículo muy interesante de la CEPAL sobre qué tiene que hacer América Latina. Dicen algo que no había leído antes: "Estamos en una crisis de ideas, de derecha, de izquierda, si podemos llamarlo así. No han demostrado trabajar para este enorme desafío que tenemos por el cambio planetario".

Independientemente de su política o su régimen, y si usted está en una sociedad democrática o en una sociedad socialista o comunista, o lo que sea en ese espectro político, una cosa es que todos podemos unirnos para proteger la naturaleza y protegernos a nosotros mismos.

FK. Yo digo: hay quien se para a decir un discurso hermoso y tiene las manos vacías, porque si mira en su vida, ¿qué ha hecho de manera concreta? Uno no puede tener un discurso lleno de promesas y de propuestas vanas y no hacerlas. Sí, el discurso es muy fácil.

PP. Tenemos Gobiernos que asumen enormes compromisos; el 95 % de las emisiones de carbono en este mundo están cubiertas por compromisos de cero emisiones netas de los Gobiernos. Si todos se implementan a la velocidad necesaria, es otra cosa. Tenemos el Pacto Verde en Europa, la Ley de Reducción de la Inflación en Estados Unidos, el 15º Plan Quinquenal en China, que está invirtiendo enormes cantidades para convertirlo en energía verde; todos apuntan en esa dirección.

MP. Es interesante que Europa haya adoptado un objetivo del 60 % de reducción de emisiones para 2030, que el Reino Unido haya definido un objetivo aún más ambicioso que Europa. Colombia ha adoptado un 52 % de la reducción de emisiones para 2030. Por lo tanto, está claro en los tiempos actuales que, a pesar de las dificultades de eliminar gradualmente los combustibles fósiles o a pesar de las dificultades que trajo la pandemia, todavía es posible mover al mundo a un tiempo de cero neto.

MS. Colombia ha pasado por cambios en el Gobierno en términos de los partidos políticos que están en el poder, y una cosa que he visto es que ambos partidos han hecho de la conservación una prioridad. Desde un extraño que mira desde afuera, solo deseo que más países entiendan que la conservación es un problema nacional y no es necesariamente un problema político.

1,5 °C MÁS

"Hemos estado tratando de elevar la emergencia del planeta al Consejo de Seguridad, porque la emergencia planetaria no es un problema ambiental; no tiene nada que ver con la naturaleza o la protección del medio ambiente. Tiene que ver con la seguridad, con nuestra capacidad de tener sociedades estables". Ya hoy sabemos que existen unos límites planetarios que no se deben sobrepasar, y que el límite en incremento en temperatura es de 1,5 °C si queremos evitar consolidar el Antropoceno. Es un número que se repite hoy con frecuencia y que muchos hemos escuchado. ¿Por qué es importante ese número tan exacto? Es el número que todos debemos memorizar y entender cómo no sobrepasarlo. Si todos entendemos que la suma de nuestras acciones no debe sobrepasar los 1,5 °C de incremento del clima, la labor será mucho más fácil, es una causa común de la humanidad.

CS. La línea de base que tenemos ahora es que la temperatura promedio de la superficie del planeta ya ha aumentado en 1 °C. La ciencia actual indica que para 2040 habrá aumentado a 1,5 °C, y la estimación es que para 2100 estará arriba de los 3 °C.

JR. Si nos fijamos bien en los datos, vemos que nunca el planeta ha ido más allá de una variación de 2 °C; siempre se ha mantenido por debajo de 2. Así que el Acuerdo de París, que ha adoptado los límites planetarios sobre el clima para mantenerse muy por debajo de 2 y apuntar a 1,5, está muy alineado con la ciencia, que nos dice que no vayamos más allá de 2 porque no hemos estado más allá de 2 en los últimos tres millones de años.

Bajo ninguna circunstancia queremos acercarnos al calentamiento de 2 °C, porque eso es un riesgo; ese es el precipicio. Esa es la cuestión. Una vez más, no es que caigamos repentinamente en un desastre abrupto y total, sino que comenzamos a derivar hacia el Antropoceno, que se convertiría en un nuevo estado.

Si miramos los últimos tres millones de años, el planeta nunca se ha acercado a los 2 °C. Nunca hemos estado cerca de los 2 °C. Debemos reconocer que nosotros, como seres humanos en la Tierra, solo hemos existido en el momento más cálido de ella. Nuestro punto de partida es un calor máximo, de manera que el Holoceno es un periodo cálido. Así que tenemos una edad de hielo profunda, un frío profundo, y luego subimos y luego hace calor. Así hemos estado toda la historia de la humanidad, desde Mesopotamia y las sociedades de riego, los faraones, griegos, romanos, los mongoles; todo eso está en un cálido interglaciar. Si nos fijamos en toda nuestra existencia como seres humanos y toda la existencia del planeta, nunca hemos estado en este punto, donde de repente subimos a 2 o 3 °C. No ha sucedido. Tienes que retroceder cinco, diez millones de años para encontrar algo así.

Deberíamos estar dirigiéndonos hacia una edad de hielo. Estamos en el punto más cálido; debemos bajar, no subir. Ahora estamos subiendo, así que vamos en la dirección equivocada.

¿Por qué el planeta iría abruptamente en la dirección equivocada, en una dirección que nunca antes había seguido? De forma que ese es también un muy fuerte elemento de evidencia de por qué debemos ser nosotros los humanos quienes lo causamos, porque nunca antes había sido así.

TL. Durante mucho tiempo he estado hablando de 1,5 °C. Y estoy empezando a creer recientemente que tal vez incluso eso es demasiado alto. Pero el punto es que ya estamos teniendo muchos problemas a 1,1 °C, que es donde estamos ahora.

CF. No importa lo que yo piense sobre el incremento de 1,5 °C. Me guío por los científicos, así que no importa mi opinión personal, es completamente irrelevante. Me inspiro en los científicos que han sido muy claros sobre el hecho de que ahora nos enfrentamos al peligro de superar temporalmente el límite de 1,5 durante uno, dos o tres años.

Dado que estamos tan cerca de esta brecha de 1,5 °C, tenemos que hacer un esfuerzo adicional. Para mí, ver la amenaza de 1,5 °C y luego sentarme y cruzarnos de brazos y decir, "no vamos a hacer nada", eso es irresponsable, inaceptable, completamente inaceptable. Precisamente por la amenaza nos lanzamos a la acción. Déjame decirlo de esta manera: soy madre de dos hijas. Si estoy tratando de cruzar la calle con mis dos hijas y veo un autobús enorme que viene a toda velocidad amenazando la vida de mis hijas, ¿crees que me quedo ahí parada y espero el autobús para matar a mis hijas y matarme a mí? No, yo como madre hago todo lo posible para recoger a mis hijas y correr hacia el otro lado o hacia atrás, porque mi responsabilidad es la seguridad de mis hijas. Permítanme decirlo de otra manera: nuestra responsabilidad compartida, de todos los seres humanos vivos en este momento, es la seguridad de este planeta para todas las generaciones venideras. Entonces esas personas que dicen: "Veo venir el autobús, veo la brecha de 1,5 °C y, sin embargo, no voy a hacer nada", realmente me pregunto qué clase de ser humano puede decir eso. ¿Qué clase de ser humano no hace todo lo posible para evitar la amenaza que sabemos que está a la vuelta de la esquina?

MP. Sabemos cuál es la visión para el clima: 1,5 °C y cero neto. ¿Cuál es la visión equivalente para la naturaleza que es el otro gran problema?

EL ACUERDO DE PARÍS

"Si estoy tratando de cruzar la calle con mis dos hijas y veo un autobús enorme que viene a toda velocidad amenazando la vida de mis hijas, ¿crees que me quedo ahí parada y espero el autobús para matar a mis hijas y matarme a mí?", contundente mensaje. Debemos actuar, en conjunto como humanidad, cada uno aportando desde su orilla personal.

En 2024 fueron los Juegos Olímpicos de París. Un evento pocas veces visto en la historia por su impacto mediático y de audiencias, tanto por lo bueno como por las críticas negativas. Las pantallas en la palma de la mano y las redes sociales han logrado sin duda que los eventos globales de este tipo sean cada vez más mediáticos y su alcance sea cada vez mayor. Me llama la atención la cobertura global que tiene un evento deportivo que sucede cada cuatro años frente a un evento como el Acuerdo de París, las Conferencias de las Partes o la COP16 de la Biodiversidad en Cali (Colombia) en 2024. ¿Es posible y necesario volverlos más mediáticos, como lo son el entretenimiento o el deporte? ¿Por qué el Acuerdo de París es tan importante y qué logró?

PP. En ausencia de instituciones multilaterales que funcionen como deberían, en ausencia de Gobiernos que realmente funcionen de la manera como fueron diseñados, al menos tenemos este marco moral, que son los Objetivos de Desarrollo Sostenible, firmados por 193 países en la ONU en septiembre de 2015. De ahí surgió nuestro acuerdo firmado unos meses después en París, llamado COP21, que dio una señal clara de que íbamos a descarbonizar nuestras economías globales, de nuevo porque tiene sentido económico.

MP. El Acuerdo de París es una decisión política de los casi doscientos países del mundo para abordar la emergencia climática definiendo un claro límite que no debemos exceder, estableciendo dos objetivos principales: descarbonización y resiliencia, y definiendo medios de implementación: planes climáticos —también llamados contribuciones nacionales de reforma—, recursos financieros, desarrollo de capacidades y transferencia de tecnología. En el caso de la descarbonización, está claro que lo que debemos lograr es tener una economía neta cero para 2050.

CS. Fue interesante que todo el mundo estuviera de acuerdo y dijera "OK, vamos a limitar el aumento de la temperatura global en no más de 2 °C". Ahora la única manera de hacerlo es cambiando y reduciendo las emisiones de gases de efecto invernadero en todo el mundo, y la forma en que se está haciendo es que todos los países signatarios del Acuerdo de París están poniendo lo que llamaron un compromiso nacional.

Incluso si hacemos todo lo que planeamos hacer en este momento, el cambio climático todavía está teniendo y tendrá un impacto masivo en el planeta, en la biodiversidad, y tendrá un impacto masivo en las personas, en los cultivos y en la forma en que producimos alimentos.

CF. El Acuerdo de París es universalmente reconocido como el acuerdo ambiental y legalmente vinculante más importante que el mundo haya alcanzado porque fue, en primer lugar, unánime.

Incluyó compromisos jurídicamente vinculantes de todos los países.

El Acuerdo de París no es estático, es dinámico. Básicamente son las barandillas que todos los países han acordado operar dentro de los límites de seguridad de la descarbonización de la economía global, desde el momento en que lo acordaron —2015— hasta el 2050, momento en el que tenemos que estar en cero emisiones netas para proteger a los más vulnerables y para proteger el límite de aumento de temperatura de 1,5 °C.

Tenemos países que representan el 90 % del PIB mundial que han asumido sus compromisos con los objetivos de cero emisiones netas. Así que la intención está definitivamente ahí. Lo que falta es la implementación de la intención. No estamos descarbonizando la economía a la escala y velocidad necesarias para proteger el 1,5 °C; estamos muy atrasados.

MP. La única manera de encarrilar al mundo para cumplir con nuestras obligaciones: no exceder la temperatura o no aumentar su presión más de 1,5 °C, o lograr una economía neutral para 2050, o elevar la ambición de reducción a alrededor o más del 50 % para 2030; es algo en lo que debemos fortalecer nuestra acción, porque si no, si sobrepasamos lo que hemos definido como el umbral de 1,5, las consecuencias podrían ser catastróficas.

Para entender bien la relevancia del Acuerdo de París es importante volver al inicio del debate climático. Como sabemos, comenzamos el debate mundial para abordar el cambio climático en 1992 a través de lo que se llama la Convención Marco de las Naciones Unidas sobre el Cambio Climático.

CF. Estábamos en una trayectoria para calentar este planeta en todas partes entre 4 y 6 °C antes del Acuerdo de París. Una vez entró en vigor el Acuerdo de París, entendemos perfectamente que la proyección de calentamiento que incluiría la implementación de los compromisos de París bajó a 3,7 °C. Con el aumento de la aplicación de los crecientes compromisos que se han asumido, ahora hemos bajado a 2,7 °C, lo que sigue siendo inaceptable.

MP. En un sentido de adaptación, el objetivo es construir un mundo resiliente. Eso significa que el trabajo en este —la población, sus actividades económicas, su infraestructura— debe evitar seguir sufriendo las consecuencias del cambio climático, siendo lo suficientemente resiliente a esas consecuencias.

A pesar de que adoptamos el Acuerdo de París, sabemos que los planes climáticos actuales no son suficientes para encarrilar al mundo y lograr nuestro objetivo principal de tener una economía natural para 2050 y evitar superar los 1,5 °C para finales de siglo.

Mi gran preocupación sigue siendo la falta de ambición en la definición de objetivos claros y alcanzables que podrían mover al mundo hacia el cumplimiento del objetivo del Acuerdo de París.

III

LA META

¿Qué hemos aprendido de las conferencias internacionales como el Acuerdo de París? Con sus objetivos y retos, que esperan garantizar que el planeta logre mantenerse dentro de ciertos límites, o barandillas, que ya hemos visto, y que siga siendo el lugar que conocemos para nuestro bienestar. ¿Es suficiente ese objetivo que se definió en París? ¿Vamos a la velocidad necesaria? ¿Es alcanzable y realista?

PP. No tenemos hasta 2050; necesitamos reducir nuestras emisiones de carbono en un 50 % cada década. Todavía estamos subiendo esta década en un 10 %. Seguimos proyectando un calentamiento global de 2,7-2,8 °C en la trayectoria actual; mucho mejor que el 4 % que proyectábamos antes del Acuerdo de París en 2015, pero aún nos queda mucho camino por recorrer. Por lo tanto, el cero neto no funciona del todo.

CF. Lo que en realidad no está sucediendo es la implementación del Acuerdo de París. Eso es lo que tenemos que entender. Pensemos en el Acuerdo de París como un plan de negocios para la descarbonización de la economía. Pensemos en ello como una hoja de ruta; pero discúlpame, si estás en un vehículo y tienes un mapa de carreteras, ¿cómo ayuda que te sientes en tu vehículo y no sigas el mapa de carreteras? Ese es el problema.

MP. Cuando lo trasladamos a las acciones domésticas, sí necesitamos reconocer esa realidad diferente de cada uno de los países. Entonces cuando pensamos en Colombia, Perú, Ecuador, o algunos otros países de la cuenca del Amazonas, lo que está claro es que nuestra principal fuente de emisión es la deforestación y el cambio de uso de la tierra. Cuando cambiamos a otra parte del mundo —mayoritariamente la parte norte del planeta: los países desarrollados—, su principal fuente de emisiones es la energía, y en algunos otros casos la industria. Así que está claro que si queremos alcanzar el cero neto para 2050, necesitamos actuar basándonos cada uno en nuestra propia realidad.

CF. Creo que es responsabilidad de los países pequeños dar un golpe por encima de nuestro peso. El modelo de lo que es la responsabilidad global, muy a menudo no es ejercido por las grandes economías; muy a menudo es ejercido por pequeñas economías. En el Acuerdo de París, el ejemplo más brillante fueron las pequeñas islas del Pacífico, que tienen emisiones menores, tienen el 0,001 % de las emisiones globales, son las más vulnerables al cambio climático, y tomaron una posición muy progresista.

Entienden que es responsabilidad de los Estados pequeños ser realmente líderes y demostrar que se trata de una responsabilidad compartida. Sí, es principalmente responsabilidad de los países del G20; no hay duda, porque tienen el 80 % de las emisiones, absolutamente. Pero ningún país está exento de responsabilidad, y los países pequeños tienen la enorme oportunidad, muy a menudo, de ser más ambiciosos y más ejemplares que los países grandes.

CS. Me complació mucho ver que Colombia, en su recientemente presentado Contribuciones Determinadas a Nivel Nacional

(NDC)[54], mostró uno de los compromisos más ambiciosos de cualquier país del mundo, que es reducir las emisiones de efecto invernadero en un 51% para 2030. Se trata de una cuestión muy importante. Si todos los países del mundo hicieran eso, podríamos cumplir este objetivo de frenar el cambio climático, porque no lo vamos a eliminar del todo. Todavía va a suceder. Tendrá una larga consecuencia con el tiempo, pero al menos lo ralentizaremos y lo reduciremos, y podríamos tener la oportunidad de alcanzar los 2 °C.

PP. Es cierto que a medida que nos quedamos atrás en los Objetivos de Desarrollo Sostenible debido a la COVID-19 y a las terribles guerras que se están desarrollando en diferentes partes del mundo, las oportunidades son cada vez mayores. Pero sí, requiere un cambio de mentalidad: no verlo como un costo en el que tenemos que gastar dinero, sino verlo como una inversión —una inversión en tu negocio, una inversión en el futuro—; no solo ver esto como una mitigación de riesgos, sino como una oportunidad.

MS. La prioridad es que necesitamos invertir masivamente en proteger, restaurar y gestionar mejor la naturaleza, particularmente los ecosistemas ricos en carbono, ecosistemas que tienen lo que llamamos carbono irrecuperable[55]. La mayor parte del carbono en el planeta no está en la atmósfera; en realidad, está en la superficie viva del planeta: los árboles, los pastizales, el bosque tropical, los manglares; estos son muy densos en carbono vivo, porque los árboles, los manglares y los pastos son muy buenos para absorber carbono de la atmósfera y encerrarlo. Protegerlos, restaurarlos y mejorar su gestión puede llevarnos aproximadamente al 30% del viaje que debemos realizar para llegar al Acuerdo Climático de París. Solo un pequeño porcentaje de los fondos disponibles para el clima —tal vez el 5% o el 6%— se

---

54   Aprobado en diciembre de 2020 bajo el gobierno del presidente Iván Duque.

55   Carbono que si se libera no podrá ser recuperado hasta que sea demasiado tarde para frenar el cambio climático.

ha destinado a esta parte de la solución, que puede darnos el 30% de los beneficios.

El segundo lugar en la lista de prioridades es acelerar nuestra transición a las energías renovables y, básicamente, abandonar los combustibles fósiles.

El tercer lugar en las prioridades, que es para cada individuo, es que tienes que cambiar lo que comes, lo que compras y cómo desperdicias comida; realmente tiene que acabar.

JR. ¿Es alcanzable? Mi respuesta es sí. No lo dudo, es alcanzable. Podemos reducir gradualmente a cero neto en 2050 los combustibles fósiles en la economía mundial.

Puedo ver algo de luz en el túnel; lo más luminoso, lo que está parpadeando con más luz, es que la Unión Europea, la región económica más grande del mundo, ha adoptado una ruta de cero neto, legalmente vinculante, para 2050. China ha adoptado un cero neto a más tardar en 2060 —lo que fue una gran sorpresa para el mundo— y la administración Biden ha hecho lo mismo, también ha dicho cero emisiones para 2050.

Si queremos ser un poco optimistas, podríamos decir que si estos tres gigantes realmente comienzan a hacerlo, habrá un impacto en todos los demás. Inevitablemente empujarán a otras economías en la misma dirección. Japón hizo lo mismo, cero neto para 2050; esa es la cuarta economía más grande del mundo. Así que de repente tienes las economías 1, 2, 3 y 4 detrás de la ciencia.

Podemos comenzar a ver un plan realista, no uno utópico y de fantasía, sino algo que en realidad es una historia potencialmente posible de ejecutar, que está emergiendo. Pero realmente estamos suspendidos ahí. Si me dieras 10.000 dólares y me obligaras a apostar por el éxito o el fracaso del cero neto, dudaría mucho, pero al final apostaría por el éxito.

LA ELECCIÓN

"Un plan realista, no utópico ni de fantasía, algo posible de ejecutar". Si hay algo que une a este grupo de científicos y expertos es que conservan la esperanza, el positivismo. La esperanza es la elección: entre todos podemos lograrlo. La esperanza es el sueño que nos mueve. Podemos seguir hacia donde vamos o podemos elegir corregir el rumbo cuando aún estamos a tiempo. Podemos elegir identificarnos como parte de la naturaleza. Y esa elección requiere que cada uno tome acciones ya. ¿Cómo recuperamos la esperanza? ¿Cómo podemos empezar el cambio cada uno de nosotros?

WD. Los seres humanos son la única solución porque solo a través de la conciencia humana se puede percibir la maravilla de la naturaleza, pero también a través de la acción humana se puede mantener el equilibrio armónico del mundo.

PP. Desafortunadamente, a los periódicos y a la televisión les gusta dramatizar las noticias negativas; de eso no hay duda, porque venden mejor. Pero están sucediendo muchas cosas buenas en el mundo. Si habláramos más de ello, tal vez podríamos amplificarlo más rápido. Estamos unidos con la humanidad y con muchos más puntos en común que diferencias.

¿Por qué rendirse cuando está dentro de nuestras posibilidades lograrlo?

MP. Necesitamos recuperar la esperanza.

CF. Están asumiendo que el único futuro es un futuro de fatalidad, miseria y destrucción. Y no es el único futuro; hay un futuro que en realidad es mucho mejor que el presente.

SE. Nunca perderé la esperanza de que podamos cambiar nuestro comportamiento, cambiar nuestras acciones y pasar del declive a la estabilización y la recuperación, y finalmente alcanzar ese lugar deseado que llamamos sostenibilidad: hacer las paces con los sistemas naturales que hacen posible nuestra existencia.

CS. Se trata de conciencia y educación; se trata de ser consciente de ello. La buena noticia, sobre la próxima generación, es que los niños entienden que pueden educar a los padres. Yo lo veo; veo que los niños lo están presionando.

Los medios de comunicación, documentales, libros, zoológicos, televisión, todos tenemos un papel que desempeñar, que se trata de inspirar a la gente, pero también se trata de involucrar a las personas y ser parte de esa solución.

PZ. Simplemente siento que tenemos la responsabilidad para nosotros y para nuestros hijos y sus hijos de dejarles un lugar mejor, no un lugar peor.

Creo que es superimportante demostrar cómo la gente común y corriente dice, "bueno, ¿y qué pasa si se pierde un gorrión más? ¿Cuál es el impacto?". No es un tema de *denial*, de negación necesariamente, es un tema de ignorancia. Es la falta de conocimiento. A pesar de que somos superoptimistas, somos *superdowners*. Somos patológicamente depresivos. Hablamos de todos los problemas y nos olvidamos de hablar de las soluciones.

TL. Mi sueño salvaje es que la gente acepte la idea de que el cambio climático es básicamente un problema biológico. Que todos los combustibles fósiles que hemos estado quemando son básicamente viejos ecosistemas y viejas fotosíntesis atrapados geológicamente, pero que ahora se liberan en un instante.

SE. Si pudiéramos comenzar ayer, hace diez, veinte, cincuenta años, armados con lo que ahora sabemos, ¿qué podríamos hacer para sostener un lugar seguro para nosotros mismos dentro de un universo que es hermoso, pero realmente hostil? Cuidaríamos la naturaleza, la tierra y el mar con todo lo que tenemos. Respetaríamos los bosques antiguos sabiendo que esa es la mayor riqueza que tenemos. Respetaríamos el viejo océano de crecimiento, los arrecifes de coral, que han existido durante miles de años, entendiendo que el arrecife de coral no se trata solo del coral, se trata de los peces que hacen posibles los arrecifes de coral, se trata de las langostas que hacen posible el sistema que hace posible el arrecife de coral. Las aves hacen un bosque; no son solo los árboles. El musgo hace el bosque; los microbios en el suelo forman el bosque. Ahora lo sabemos; podemos ver lo que nuestros predecesores no pudieron ver. ¿Qué nos impide saborear este conocimiento que ahora tenemos y usarlo para salvarnos a nosotros mismos? Nosotros tenemos el poder; solo debemos tener la voluntad. Tenemos una oportunidad y creo que los niños de hoy nos van a obligar a mirarnos a nosotros mismos, a mirarlos, a su futuro, y realmente nos inspirarán a salir de esta complacencia, a salir de nuestros viejos hábitos: "Así es como siempre fue, así es como va a ser". No, tenemos el poder porque somos humanos; tenemos el poder de elegir. Podemos seguir haciendo lo mismo de siempre, de la misma manera de siempre, consumiendo las mismas cosas viejas a las que nos hemos acostumbrado.

El océano ha sido descuidado, y tenemos que pensar en él como un sistema, todo junto. No es "o lo uno o lo otro". No podemos salvar el planeta simplemente salvando árboles; no podemos salvar el planeta simplemente salvando ballenas. Tenemos que pensar: ¿qué se necesita para hacer un árbol? ¿Qué se necesita para hacer una ballena? ¿Qué se necesita para tener humanos sanos? Debemos tener la capacidad, como ahora podemos, como nunca pudimos antes, como es posible que no podamos volver a hacerlo en el futuro, porque estamos perdiendo mucho, tan rápido, de usar este conocimiento que existe bajo nuestra vigilancia en el siglo XXI y hacer todo lo que podamos, para crear no solo esperanza, sino acción que conduzca a la seguridad del planeta.

CS. Lo que yo le diría a Greta [Thunberg] y a otros y a mis hijos, y también a la próxima generación, es esto: comencemos con la elección que cada uno de nosotros hace todos los días. Comencemos en casa, con nuestras vidas, con las decisiones que tomamos. Comencemos con lo que comemos, con cómo llegamos al trabajo o a la escuela. Y si cada uno de nosotros toma una decisión ligeramente diferente, podemos empezar a cambiar el planeta. Si cada vez que compramos un producto lo miramos y exigimos que las empresas tengan trazabilidad y sostenibilidad, realmente podemos hacer un cambio. Si cada vez que votamos elegimos a un funcionario para quien estos temas son fundamentales, y lo hacemos responsable de ello, y si no lo hace bien, sale del cargo, eso es importante.

Necesitamos proteger los lugares silvestres más importantes que tenemos; necesitamos cambiar la manera como producimos los alimentos y la energía que requerimos para todo lo que hacemos; necesitamos restaurar algunas de las áreas que han sido degradadas y necesitamos construir ciudades sostenibles.

CN. Tengo esperanza porque creo que las sociedades, y en particular los jóvenes, digamos la generación de Greta —esto es global, esto no es solo en Europa—, se están volviendo mucho más conscientes de los riesgos que mi generación les está dejando como legado. Creo que las generaciones más jóvenes no tolerarán más las vías de crecimiento económico que hemos tenido durante siglos; por lo tanto, habrá una desviación disruptiva de ese camino. Por eso soy optimista. No mi generación, tengo 69 años; es difícil convencer a la gente de mi edad de que sea optimista.

CS. Hay muchas razones para tener esperanzas porque claramente, a pesar de todos los desafíos que tenemos, todavía contamos con la mayoría de la vida en el planeta. La mayoría de las especies están amenazadas, pero todavía existen. Tenemos la capacidad de identificar aquellos lugares que necesitamos proteger. Necesitamos identificar y cambiar la forma en la que vivimos; necesitamos repensar nuestro modelo de desarrollo para hacerlo más sostenible mirando los alimentos que producimos, cómo producimos la madera, la pesca, mirando la restauración de estas áreas, construyendo ciudades sostenibles.

WD. La mitigación y la adaptación se convirtieron en malas palabras en los primeros años del movimiento climático, porque se veían como una especie de evasión. Mientras que ahora vivimos en una época en la que el realismo no es apatía, al igual que la retórica no sustituye a los resultados. En este momento, nuestra única opción es la mitigación, la adaptación y la eliminación de carbono lo más rápido posible.

Lo más importante que podemos hacer por el clima es proteger los sistemas naturales en casa; y en lugar de correr a asistir a la próxima conferencia sobre el cambio climático, cualquier persona preocupada por un mundo que se calienta debería quedarse en casa y proteger las ciénagas, la selva tropical, los lagos, las praderas de casa, porque ahí es donde se ganará la batalla.

MS. Si deseamos un retorno de la inversión, si tenemos mil dólares o cien dólares o un dólar para poner, donde obtendremos el mayor retorno de la inversión, yo diría que es en la categoría de protección, gestión y restauración de ecosistemas particularmente ricos en carbono. Piensa en esto: solo el 3 % de la superficie del planeta contiene aproximadamente el 50 % del carbono irrecuperable en el planeta. Esto para mí es increíble; es un hecho asombroso. Significa que si podemos dirigir la inversión a este 3 %, podemos atrapar al menos el 40 %, 50 % del carbono irrecuperable.

Es alrededor del 3,3 % para ser muy precisos, que realmente tiene una gran cantidad de carbono irrecuperable.

Cuando digo carbono irrecuperable, me refiero al carbono que, si se libera, no puede recuperarse en una escala de tiempo razonable. Para ser más específico, yo diría, por ejemplo, la costa de Colombia, donde hay muchos manglares. La costa de Colombia es un ecosistema muy rico en carbono. El bosque boreal, las turberas de Escocia, el bosque de Papúa Occidental y algunas partes de Indonesia, obviamente algunas partes de la cuenca del Amazonas que comparten siete u ocho países, o el Congo.

FB. Colombia puede producir cada vez más energías renovables, y tiene una gran capacidad para ser un gran *carbon sink*[56]. Si yo tengo más árboles, tengo sistemas silvopastoriles donde pueda tener una utilización mucho más racional de potreros con ganados, con tecnología. Y no solo en tierra firme, están también los manglares que tienen más capacidad de absorber mucho más CO_2 que otros árboles; que Colombia diga: "Yo le ofrezco esto al mundo también".

CS. La verdadera prueba es si nosotros, como comunidad, podríamos unirnos y decir que vamos a conservar el 30 % de la naturaleza para 2030; cincuenta países ya han acordado hacerlo.

Para la India, más del 50 % de la nueva infraestructura de energía es renovable. Para Europa es mucho más, es como casi el 100 % de la nueva infraestructura. Incluso para Estados Unidos.

PZ. La gente no se da cuenta de que son parte de la solución. Hay tantas cosas que pueden hacer: comer orgánicamente, comer de manera sostenible, visitar sus áreas naturales, ayudar a protegerlas, ayudar a restaurarlas, apoyar a los administradores de esas áreas, contarle a su gente sobre la naturaleza, dejar de conducir a todas partes, ir en bicicleta, caminar. No se trata solo del Gobierno, se trata de los consumidores, del público en general, de nosotros. Podemos hacer una diferencia. Todos, todos los días del año, podemos marcar la diferencia.

CS. Un mensaje para la niñez: tienes que pedirles a tus papás que todo lo que hagan en tu casa sea para tener un menor impacto. Por ejemplo, consumir menos carne, comprar menos plásticos, usar más la bicicleta. Todas las cosas que nos ayuden para poder proteger el planeta de todo lo que hacemos nosotros todos los días es algo importante. Diles que cuando sean las elecciones voten por políticos que crean en este tema y que estén dispuestos a hacer algo;

---

56   Sumidero de carbono. Depósito natural o artificial de carbono que absorbe el carbono de la atmósfera y contribuye a reducir el CO_2 de esta.

por líderes que tengan esa visión de medio ambiente mientras que tú creces.

Puedes comenzar con tus amigos y con tu colegio por lo que tú hagas todos los días. En vez de comprar algo que venga en una botella plástica, no compres plástico. Piensa en lo que te comes. Puedes hablar con tus amigos y con los de tu colegio para generar conciencia. Y si tú convences a diez amigos tuyos y esos diez amigos tuyos convencen a otros 10, rápidamente llegamos a 100, a 1.000, a 2.000 y más. Eso es lo que podemos hacer. Tú puedes ayudar a inspirar, a llevarles ese mensaje todos los días.

CF. El cambio y la transformación no están ocurriendo tan rápido como deberían ocurrir por muchas razones diferentes que no son necesariamente técnicas. Son más humanas: conductuales, psicológicas, sociales, digamos en esa área. Así que es el *software*, no el *hardware* de la tecnología, sino el *software* del pensamiento y la acción humana.

Cuando comprendemos el grado del desafío que tenemos por delante, muy a menudo nuestra reacción es negar nuestro propio albedrío diciendo: "Ese problema es demasiado grande para que yo pueda lidiar con él. Dejemos que alguien más se ocupe de eso". Por lo tanto, negamos nuestra capacidad de contribuir a la solución; o bien, descontamos la distancia, lo que significa que decimos: "Sí, entiendo que esto es una preocupación, y va a afectar la vida humana, pero va a afectar la vida humana a la distancia del tiempo, más allá de mis hijos y más allá de mis nietos".

La transición es una gran oportunidad, pero en lugar de entender que tenemos la oportunidad de construir un mundo mucho mejor, intentamos impulsar la transición liderada desde el pasado, desde nuestro comportamiento pasado, desde nuestras inversiones pasadas, desde nuestras tecnologías pasadas, en lugar de tirar de la transición desde el futuro.

Tenemos que imaginar eso, porque una economía descarbonizada no está dentro de la experiencia humana —tenemos que imaginarla y trabajar para ello—, por eso nos cuesta tanto imaginar y luego sentir el tirón del futuro. Sigo pensando que debemos sentir que podemos llevar el futuro al presente. Eso es lo que deberíamos estar sintiendo. La atracción del futuro, y activarlo ahora en el presente, en lugar de estar anclados en el pasado y evitar que avancemos hacia el futuro.

A nuestros hijos: "Sí, estamos viviendo probablemente el momento más importante de la historia de la humanidad, en el que se están decidiendo las generaciones futuras, la calidad de vida de las generaciones futuras, y nosotros, tus padres, estamos haciendo todo lo posible para hacer posible un futuro mejor". Esa es nuestra responsabilidad con nuestros hijos, poder mirarlos verdaderamente a los ojos y decirles: "Sí, estamos en el momento más decisivo en la evolución de la historia humana, pero yo, tu padre, o tu madre, estoy haciendo todo lo posible para darte un mundo mejor". Si no podemos decir ambas cosas, no estamos haciendo lo que deberíamos hacer por nuestros hijos.

PP. Tenemos que avanzar porque no hay negocio en un planeta muerto. Tenemos que averiguar colectivamente cómo resolvemos esto, y la voz de un gran grupo respetado en una industria que se dirige a los políticos y les da coraje para moverse es una parte muy importante del proceso de cambio. Y también se necesita a la sociedad civil dentro de eso; no quiero hacer de esto solo una cuestión entre las empresas y los Gobiernos. Ahora estamos todos juntos en esto. Ya no sirve señalar con el dedo a uno u otro y decir, "la culpa es de las empresas" o "la culpa es de los Gobiernos" o "no confío en las ONG". Los problemas ahora tienen tal magnitud que ninguno de nosotros puede resolverlos solo, y seríamos estúpidos peleando las batallas internas señalando con el dedo cuando realmente necesitamos tener todos nuestros brazos unidos.

TODAS LAS VOCES

"¿Por qué rendirse cuando está todo en nuestras manos?" y "Tenemos que averiguar colectivamente cómo resolvemos esto", no son temas solo de científicos, ambientalistas o políticos, empresarios o indígenas. Son temas que nos unen a todos en la causa común más importante de nuestra historia, en la que cada uno puede aportar con su conocimiento y experiencias y, sobre todo, con su actuar. Debemos escucharnos, con mente abierta y empatía. Recuerdo la primera vez que visité Nabusimake, en la Sierra Nevada de Santa Marta. Nos invitaron las autoridades arhuacas a la kankurwa, el espacio comunitario para reuniones, y comenzó un diálogo apasionante en el cual la primera lección fue escuchar: esperar a que la otra persona terminara su intervención, así antes de hablar tomara algunos minutos en silencio, pensando en sus siguientes palabras, para reanudar. No estamos acostumbrados a escuchar. Sabemos hablar y escucharnos, pero es difícil escuchar al otro. "Los hermanos menores tienen los oídos en los ojos", me dijo alguna vez un amigo arhuaco. El respeto por la escucha y tratar de entender es un primer gran esfuerzo para todos. Este libro pretende ser un ejemplo de ello: escuchar con la misma importancia, por igual, a un grupo de personas disímiles, un grupo heterogéneo en el que cada uno aporta un gran valor y un gran amor a través de sus palabras. ¿Por qué es importante escuchar todas las voces?

WD. Definí la *etnosfera* como la suma total de todos los pensamientos, sueños, ideas e intuiciones, mitos y recuerdos creados por la imaginación humana desde los albores de la conciencia. La *etnosfera* es el gran legado de la humanidad.

Cuando tú y yo nacimos se hablaban 7.000 idiomas en la Tierra. Ahora bien, un idioma no es solo vocabulario o gramática, es el destello del espíritu humano; es un vehículo a través del cual el alma de una cultura llega al mundo material. Cada idioma es un bosque de crecimiento de la mente, de un punto de inflexión del pensamiento, un ecosistema de posibilidades sociales y espirituales. Y según el consenso académico entre los lingüistas, la mitad de esas lenguas no se enseñan a los niños, lo que significa que están al borde de la extinción (al igual que la biodiversidad). Eso implica que la mitad del conocimiento ecológico, biológico, filosófico y cultural de la humanidad está en riesgo.

Cada cultura es una respuesta única a una pregunta fundamental: ¿qué significa ser humano y estar vivo? Significa que cada cultura tiene algo que decir; cada uno merece ser escuchado.

La raza es una ficción; todos estamos cortados por la misma tela genética. Todos somos descendientes de los mismos antepasados, incluidos aquellos que salieron de África hace 65.000 años y colonizaron el mundo en 40.000 años.

Estamos cortados de la misma tela genética, compartimos el mismo genio y la misma agudeza mental, el mismo potencial en bruto. Y críticamente, la forma en que se expresa eso es simplemente una cuestión de elección e imperativo adaptativo.

A lo largo de mi vida han ocurrido dos acontecimientos que creo que serán recordados y hablados dentro de 10.000 años. Primero, por supuesto, fue la visión de la Tierra desde el espacio que nos llegó en la víspera de Navidad de 1968, cuando por primera vez en la historia de la humanidad no vimos un amanecer o una salida de la Luna, sino una salida de la Tierra. En esa especie de escena de momento cristalino de conciencia, la fragilidad de este planeta azul flotando —como decían los astronautas— en el vacío aterciopelado del espacio, todo cambió. Es increíble. Segundo, cuando yo era niño, el simple hecho de que la gente dejara de tirar basura por la ventanilla de un carro era una gran victoria medioambiental. Nadie hablaba de la biosfera ni de la biodiversidad; ahora esos son términos familiares para los niños en edad escolar.

Considera por un momento los valores de nuestros abuelos, por ejemplo, sobre el género, la raza, el medio ambiente, la religión. No hay una sola cosa que tu abuelo creyera con la que tú estuvieras de acuerdo, y no aceptarías ninguna de sus certezas. De hecho, muchas de ellas te parecerían moralmente reprobables. A lo largo de mi vida, las mujeres han pasado de la cocina a la sala de juntas; las personas de color, de la leñera[57] a la Casa Blanca; los homosexuales, del armario al altar, transformaciones inconcebibles. Eso, y ciertamente en términos de nuestra conciencia de la importancia de la biosfera y el mundo natural y nuestro impacto en él, y todo eso realmente comenzó con esa visión de la Tierra desde el espacio.

La cultura no tiene que ver con las canciones que cantamos o la ropa que usamos. En última instancia, la cultura se trata de un conjunto de valores morales y éticos que colocamos alrededor de cada ser humano.

Así que la cultura no es trivial, es literalmente lo que nos permite dar sentido a la sensación, encontrar orden y significado en el universo.

Cuando se pierde la cultura, sobreviene el caos, como vemos en todos los focos de conflicto en todo el mundo. Cuando digo que las otras culturas del mundo tienen algo que decirnos, es porque tienen una forma diferente de pensar sobre el mundo natural.

Debemos cambiar la forma fundamental en que habitamos el planeta. Y creo que por eso es tan importante la voz de los pueblos indígenas.

Si crees que el mundo natural es solo otra extensión del cuerpo humano, entonces, por supuesto, puedes tener una relación diferente con él, diferente a si piensas que es solo algo que debe consumirse a tu antojo. Creo que por eso las voces de los pueblos indígenas, además de su propia integridad inherente, son tan importantes: porque todavía están aquí para recordarnos que a lo largo de la historia humana ha habido otras formas de ser, otras formas de pensar, otras formas de

---

57 *Woodshed.*

orientar a las poblaciones humanas en el espacio cultural, ecológico e incluso espiritual.

Para ti y para mí el cambio climático es una amenaza ambiental; puede ser un reto técnico, una oportunidad económica. Pero para aquellos que literalmente creen, como los mamos[58], que sus oraciones mantienen el equilibrio cósmico del mundo; para aquellos que creen, como creen los barasana[59] y los macuna[60], que es su responsabilidad humana mantener los equilibrios armónicos, ecológicos, energéticos de la selva, como lo hacen ellos, es un tema espiritual. Recuerda: el chamán no es exactamente un médico o un sacerdote. Es más como un diplomático que mantiene un diálogo con el reino espiritual; es como un ingeniero nuclear que tiene que ir periódicamente, tomando yagé, al corazón del reactor y reprogramar el mundo. Todo esto tiene que ver con la agencia espiritual humana y el papel esencial que los humanos tienen que desempeñar para mantener el equilibrio, la salud y el bienestar del mundo natural.

Tenemos esta idea de que estas culturas son fraternales, pintorescas y coloridas, pero son algunas frágiles, como si estuvieran destinadas a desvanecerse, como por leyes naturales, si son intentos fallidos de ser modernas, de mantenerse al día con la historia. Nada más lejos de la realidad. En todos los casos, en todo el mundo, se trata de pueblos vivos y dinámicos, que no se alejan de la historia, sino que son expulsados de la historia por fuerzas identificables.

CS. Los territorios indígenas son una herramienta muy importante, un elemento, si se manejan de la manera correcta. Muchos de estos grupos, si realmente tienen los derechos sobre sus tierras y sus recursos, pueden administrarlos de manera sostenible.

58 *Mamos, mamüs.* Sabios y guías indígenas de las comunidades que habitan en la Sierra Nevada de Santa Marta (Colombia).

59 Etnia indígena que habita en la cuenta del río Piriparaná en el sur de Colombia.

60 Pueblo indígena colombiano que habita en las riberas del río Comeña, en el sur del Vaupés.

La cuestión allí es asegurarse de que las comunidades locales —comunidades indígenas y comunidades negras— tengan los derechos y los recursos adecuados, para poder gestionar esos territorios de manera sostenible y compatible.

Recuerde nuestra propia historia y viaje como especie, desde el momento en que salimos de África, hace 60.000 años, y nos extendimos por todo el mundo. Todos nuestros antepasados y nuestras gentes se adaptaron; vivieron dependiendo de la naturaleza. Hasta que desarrollamos la agricultura, hasta que desarrollamos la industria, hasta que tuvimos tecnología, éramos básicamente pastores; éramos cazadores recolectores. Hay una relación profundamente arraigada con la naturaleza.

TL. Creo que no hacemos un buen trabajo al hacer un seguimiento de nuestro progreso, así que si le preguntas a la persona promedio, probablemente dirá: "Le están pasando cosas malas a la Amazonía". No tendrán idea de que la mitad de la Amazonía hoy está bajo alguna forma de protección, ya sean reservas indígenas o unidades de conservación. Y todo eso sucedió en un corto lapso de veinte a veinticinco años, en un área que es tan grande como los Estados Unidos.

FK. Los pueblos indígenas son los que mejor conservan la Amazonía, son los que mejor la protegen.

He dicho que la Amazonía es responsabilidad de todos en este momento, y hay que poner todos los conocimientos milenarios de nuestros sabios y de los pueblos y comunidades indígenas con el conocimiento científico. Solo juntando y poniendo en diálogo estos conocimientos, vamos a poder salvar la Amazonía (y al planeta).

El conocimiento milenario de los pueblos indígenas sabe perfectamente los ciclos del calendario ecológico: en qué momento se deben utilizar los recursos naturales, de qué manera se deben utilizar para que no se extingan. Son conocimientos que están ahí y deben entrar en diálogo, porque si no, cada uno haciendo su parte, no vamos a lograr lo que queremos; no vamos a seguir conservando la Amazonía.

Por eso es importante ese diálogo de saberes, tejer ese diálogo para salvar la Amazonía.

A los mayores de mi comunidad los llamamos *sabedores*. Cada noche se sientan en la maloca a comer el mambe[61], a reflexionar y a dialogar con el cosmos, con la naturaleza. Los sabedores se sientan en la maloca sin camisa, sin zapatos, porque se conectan con la naturaleza. Mi padre siempre nos enseña que hay un diálogo con los animales, con los árboles, con todo lo que hay en el territorio.

Aquí hay una relación mucho más profunda de lo que se cree; ahí están los conocimientos ancestrales. Y para llegar a ese punto, hay que nacer en el territorio, hay que saber el origen de los pueblos, también hablar el idioma originario porque desde ahí viene la espiritualidad; desde ahí viene el diálogo de saberes. Ese es un relacionamiento muy bonito; y las mujeres alrededor están observando, escuchando, porque también tienen su espacio para dialogar con la naturaleza, y son las que endulzan la palabra, endulzan el corazón. Son los espacios de diálogo donde los abuelos dicen, "hoy hablamos del tema, para que lo que hablemos hoy, esta palabra, mañana sea una obra".

Nosotros somos fuertes gracias a nuestros ancestros, porque si no estamos respaldados por nuestros ancestros, no tendríamos fuerza. Siempre uno debe tener el respaldo, decir, "detrás de mí hay toda una generación de sabios y por eso hoy estoy aquí".

La Amazonía debe tener su voz propia desde los pueblos indígenas, y lo podemos hacer desde la COICA. Se creó en 1984; viene surgiendo poco a poco, representando a los 511 pueblos indígenas de la cuenca amazónica, lo cual significa que son 511 pueblos, 511 conocimientos, 511 cosmovisiones y la rica diversidad cultural que hay en toda esa cuenca amazónica.

---

61 Polvo que se obtiene de tostar, moler y cernir las hojas de la coca amazónica, tradición ancestral de los pueblos indígenas.

Los sabedores nuestros, los hermanos indígenas y nuestros sabios espirituales han dicho que si no hay remedio para esta situación, todos vamos a terminar igual que la biodiversidad, desapareciendo. Vamos a un punto donde la vida ya no va a ser soportable en esta Tierra. Esa es la preocupación de todos, de nuestros mayores.

MK. Hay que reconocer que la sociedad ha ido cambiando. Nosotros lo vemos; hay mucha gente que está entrando en razón, que incluso nos vienen a preguntar, "¿cómo piensan ustedes?, ¿qué creen ustedes?". Pues eso quiere decir que se está abriendo una puerta a formas diferentes de pensar que pueden contribuir al cuidado. Y todo esto se da en el intercambio de palabras, de ideas, de compartir historias. Y eso es lo que debemos fortalecer.

FB. Aquí cabemos todos. Esto no es una conversación de "o", es una conversación de "y".

MK. Se han hecho muchas preguntas, se han hecho muchas entrevistas. Nos han preguntado a los *mamũs*, en la historia que tenemos, qué pensamos nosotros sobre lo que está ocurriendo en la Tierra, sobre la crisis que hay, sobre los daños que hay, sobre las preocupaciones que tenemos nosotros frente a la extinción de la vida misma. Pero finalmente nosotros vemos que no ocurre nada, porque el espíritu que debe cambiar no cambia. Entonces siguen los daños.

He pensado y a veces creo que uno pierde el tiempo hablando, porque, de hecho, hay muchos ejes, muchas sabidurías, palabras, investigaciones, escritos muy importantes que ayudan a ver cómo se debe ir cambiando. Uno muchas veces habla, pero no ve el cambio. Uno no halla ya qué más decirles a los hermanos menores, porque no quieren hacer caso, ya no oyen ni obedecen ni nada; y ellos sí que son buenos para inventar y para decir cosas, pero no las hacen, no las cumplen.

Es importante escucharnos, es importante dialogar. A los *hermanos menores*[62] siempre como mensaje se les envía la misma palabra que dieron los mayores. Nosotros tenemos una misión, un trabajo, y es no acabar ese pensamiento antiguo de los abuelos, de las abuelas, de los tatarabuelos, y nosotros lo seguimos replicando. Nosotros siempre hemos dicho: "Hay que respetar otras formas de pensar, otros pensamientos", pero eso no quiere decir "Respétennos a nosotros". Hay que respetar a la naturaleza, hay que reconocer la existencia; y una forma de reconocer es cambiar de actitud. Si nosotros seguimos con ese pensamiento reducido de que la madre tierra es para volverla dinero, la vida de la Tierra y de los seres humanos no va a llegar muy lejos; y cada vez los cambios negativos serán muy rápidos.

FK. Es urgente tejer esa sabiduría de los mayores; hay que hacer los diálogos interculturales, los diálogos de saberes, esas mingas[63] de pensamiento, a ver cómo actuar para que entre todos podamos buscar soluciones y mitigar la situación que estamos viviendo por el calentamiento global, todo lo que estamos viviendo: enfermedades, las oleadas de calor, y también la lluvia.

MK. El sabio de los pueblos del Amazonas es sabio en su selva porque hay unas normas de la selva; para los de la Sierra hay otra misionalidad, otra sabiduría, pero que sí responde al cuidado, a la protección. En eso sí siempre es igual: la protección, para garantizar el equilibrio y la armonía, eso es igual. Entonces si los pueblos indígenas —pero más que los pueblos o los seres humanos o las personas— se acaban, se acaban la sabiduría y las culturas, acaba la Sierra, el Amazonas, por ejemplo. ¿Por qué? Porque es ese pensamiento milenario lo que permite respetar el árbol, respetar el agua, ver la naturaleza como

---

62 Es la manera como el pueblo arhuaco llama a los no indígenas, siendo ellos los *hermanos mayores*.

63 Tradición ancestral indígena de trabajo comunitario colectivo.

algo vivo, como un cuerpo. Si uno tomara el pensamiento *bunachū*[64], uno ya lo ve como objeto; entonces ya cambia. Por eso es importante la existencia de los pueblos indígenas, su cultura, su sabiduría. Nosotros no podemos vivir sin la sabiduría, dejamos de existir. Lo más importante es eso: la sabiduría, las culturas.

La existencia de otros pueblos, de otras sabidurías, es muy importante porque cada pueblo tiene una misionalidad en su espacio. A pesar de que están interconectados —somos los mismos—, cada espacio tiene un cuidado diferente y esas diferentes culturas, esa sabiduría, responden a esos cuidados de esos espacios.

FK. Ha cambiado demasiado la vida en nuestros territorios: hay hambre, hay enfermedades que antes no sufríamos, hay mucha desnutrición en nuestra población por la escasez de los alimentos que nos ofrece la selva. Además, estamos perdiendo de manera acelerada los conocimientos ancestrales; la herencia de nuestros abuelos para manejar nuestra selva se está perdiendo. Eso es preocupante también, porque hemos entrado a la interculturalidad y a veces la interpretamos mal y nos olvidamos de lo propio, y ya no sabemos cuáles son las plantas medicinales que tenemos en la selva.

WD. Cuando el mundo está en problemas, se convierte en tu culpa, y así es como se convierte no solo en un desafío técnico o ambiental, sino también en un desafío profundamente psicológico. Estamos viendo en los registros etnográficos que los niveles de rituales indígenas aumentan en todo el mundo a medida que las personas reconocen el impacto del cambio climático en sus propios países de origen y se ven a sí mismos culpables.

Para las sociedades que realmente creen que son responsables del bienestar de la Tierra, cuando ven que la Tierra sufre, es su culpa: es

---

64   La forma como llaman al *hermano menor* en idioma arhuaco. Son las comunidades indígenas que habitan en la Sierra Nevada de Santa Marta, en el Caribe colombiano. Son las comunidades arhuacas, wiwas, kankwamo y kogui. La Sierra Nevada es el pico nevado más cercano al mar en el planeta.

porque no han hecho los rituales correctos, no han hecho su trabajo de proteger.

MK. A la Sierra Nevada —como la conocen desde afuera— le decimos *Corazón del Mundo*[65] porque la cultura nos enseña y nos muestra, y la naturaleza nos muestra que aquí se dio el origen de todas las cosas que hoy existen. Aquí se originó y desde aquí se llevaron los conocimientos a otras esferas, a otros espacios, a otros territorios; entonces aquí yace el conocimiento. Aquí, del cuidado de la Sierra, del cuidado de este espacio, depende la vida misma no solamente de aquí, sino también de todo el mundo. Por eso, para nosotros es el Corazón, es el lugar de donde fluye la sabiduría, fluye la vida; y si no cuidamos la Sierra, no estamos cuidando el Corazón. Por eso la Sierra es tan sagrada y tan importante para nosotros, y es tan vital que se conserve tal como nos la dejaron; sin cambiar las formas, sin cambiar de sangre, sin cambiar los espíritus, sin cambiar la esencia. Porque solo así se mantienen estos espacios. Entonces son sabidurías, mensajes que han sido dejados de generación en generación, en los que decimos que este es el centro, es el Corazón del Mundo, la Sierra Nevada.

WD. Cuando miras alrededor del mundo, desde la Polinesia hasta el África subsahariana, desde el Ártico, donde el hielo se está derritiendo debajo de las vidas de los inuit[66], aquellos que no desempeñaron ningún papel en la creación del dilema climático son los que realmente están sufriendo las consecuencias del calentamiento del mundo.

CS. Ya sean los indios de las llanuras en América del Norte, o si son los mamos de la Sierra Nevada de Santa Marta, o si son los inuit o quienesquiera que sean, todos estos son grupos que tienen una relación íntima con la naturaleza, cómo usarla y cómo leerla.

---

65 Para las comunidades de la Sierra Nevada de Santa Marta, ese lugar es el corazón del mundo.

66 Grupos humanos que habitan en el Ártico. Norte de Canadá, Alaska y Groenlandia.

Necesitamos traer eso como parte de la solución: aprender de la naturaleza, comprenderla y leer esas señales y descubrir cómo la usamos realmente. Cuidar la naturaleza y usar la naturaleza como base para nosotros.

WD. Aquí hay un pueblo, 500 años después de la conquista de América, que todavía está aquí para informarnos de creencias que obviamente no son idénticas a lo que sucedía hace 500 años; sin embargo, hay un linaje notable, una tradición oral que es poderosa. Y están aquí para decirnos que dejemos de hacer lo que le estamos haciendo a la Tierra. Se llaman a sí mismos los *hermanos mayores*, nos llaman *hermanos menores* al resto de nosotros.

MK. Este concepto de *hermano mayor* y *hermano menor*, primero, viene también del origen, de la existencia de la Tierra. Nosotros, como seres humanos, somos hermanos, y a cada quien se le asignó un espacio, una tarea, una misión, una forma de pensar. A nosotros nos dejaron la misión, la tarea de cuidar, proteger y conservar, como *hermanos mayores*, para decirle al *hermanito*: "Esto no lo puedes hacer…". Aquí, en la vida cotidiana lo vemos así. El *hermano mayor* recibe una enseñanza y es quien debe enseñarle al *hermanito*, decirle: "Cuide esto, proteja esto, esto es para usted, cuídelo". Pero desde el inicio el *hermanito menor* no hacía caso, no obedecía; entonces dijeron: "Aquí está el espacio de mayor cuidado, entonces aquí dejemos a los *hermanos mayores* y a los otros dejémoslos allá en el otro espacio". Por eso los dejaron allá, y la tarea nuestra es enseñarles a los hermanos, decirles, insistirles que hay que cuidar lo que nos dejaron, que hay que mantenerlo en equilibrio, que no hay que dañar tanto. Pero el *hermanito menor* no hace caso, hace lo que quiere, daña su propia casa, vende la tierra, no le importa, vende su propia madre, no aprende. Hace tanto, piensa tanto, que finalmente se destruye a sí mismo. Por eso nosotros estamos aquí, para insistir, para enseñar eso como *hermanos mayores*.

WD. Literalmente creen que sus oraciones mantienen el equilibrio cósmico del mundo. Se refieren a sus movimientos arriba y abajo de las escarpadas laderas de la Sierra Nevada como hilos, de nuevo con la idea de que, a lo largo de la vida, un hombre o una mujer teje una tela sobre la superficie de la Tierra.

La formación para el sacerdocio (mamos), como lo informó Reichel-Dolmatoff[67] por primera vez, y como he observado, involucra a jóvenes recluidos en los alrededores del Templo Sagrado durante dieciocho años, aprendiendo esta extraordinaria ideología religiosa barroca en un contexto altamente ritualizado que se hace eco de lo que sabemos que fue el proceso iniciático de los muiscas[68] —también grupo lingüístico chibcha—. Y luego, al final de esta larga iniciación, el mundo solo existe como una abstracción. Los iniciados están en la oscuridad todo el tiempo.

De repente, después de esta increíble iniciación, se embarcan en un viaje al Corazón del Mundo, como ellos dicen. Y del templo van al hielo (picos nevados) y del hielo al mar y del mar de vuelta al templo, llevando productos arriba y abajo de ese gradiente ecológico. Pero la idea poderosa es que el sacerdote, o el mamo que ha entrenado al iniciado, como lo inició por primera vez en su vida como un muchacho de dieciséis, diecisiete, dieciocho años, un muchacho que ve el mundo y el sacerdote, dice: "Ves, es como te he dicho todos estos años, es así de hermoso. Es tuyo para protegerlo".

MK. Una de las actividades que tenemos los *mamūs* es garantizar y proteger la armonía. El *tanū zanamū* es la armonía, es la paz con la naturaleza; esa es la actividad que tienen los humanos de la Sierra: garantizar, cuidar, proteger esa armonía, esa paz con la naturaleza, buscar el *tanū zanamū*.

---

67 1912-1994. Antropólogo y arqueólogo colombo-austriaco.

68 Muiscas o chibchas son un pueblo indígena del centro de Colombia, reconocidos por la Leyenda de El Dorado (La balsa muisca) en Guatavita.

Yo me dedico precisamente a conectar ese mundo espiritual con el mundo terrenal. La función que tenemos nosotros como *mamūs* es conservar esa armonía, ese equilibrio que debe haber entre el mundo espiritual y el mundo material. Y ahí hay un gran trabajo que se lleva de generación en generación.

Mi dedicación ha sido desde pequeño, desde niño, poder aprender, conservar y proteger esos conocimientos espirituales que conllevan el cuidado de la madre tierra. Por eso desde que soy joven me volví padre, me volví abuelo, bisabuelo, en este camino del cuidado de la madre tierra, en el cuidado de la sabiduría milenaria. Todo este conocimiento es lo que ha permitido conservar la madre tierra en un estado natural, un estado en el que buscamos que en lo posible no la dañemos tanto, para así poder garantizar la vida.

Desde el origen hay una misión, un compromiso y una responsabilidad, que es hablar con los árboles, hablar con las nubes; esa es nuestra tarea. Nosotros hablamos con las plantas, hablamos con los animales, con toda la naturaleza. Y así mismo, a nosotros nos dejaron la misión y el compromiso de retribuir por todas las cosas que heredamos. Es un sentimiento de gratitud hacia quien nos da la vida; primero que todo, eso. Nosotros todo el tiempo vivimos en esa acción de la retribución al agua, a la tierra, mediante ejercicios espirituales milenarios que nos fueron dejados. Y esa es nuestra tarea, todo el tiempo debemos estar retribuyendo. Retribuyéndole al agua, retribuyendo a la tierra; y es un mensaje de reciprocidad, de gratitud hacia los servicios que nos da la madre hacia nosotros.

El *hermanito menor* debe rescatar esas normas milenarias que fueron dejadas a ellos mismos. No podemos nosotros hacer que los hermanos adopten la misma forma de pensar nuestra, porque eso es de nosotros, no es de ellos. Pero sí hay un orden natural de la Tierra de la *Ley de Origen* que ellos también deben cumplir. Ellos saben que hay que cambiar la forma de pensar, de actuar hacia la naturaleza.

Una de las cosas que le pedimos al *bunachū* es que retribuyamos cuidando la Sierra Nevada, cuidando los pocos espacios que hoy quedan, pero existen; vamos a cuidarlos. Es una forma de retribución con las cosas que nos da la Tierra.

Hay dos cosas muy importantes. El mensaje de la retribución, más que un ejercicio de uno dar algo a cambio —yo doy algo porque me dan algo—, es un espíritu, un pensamiento de identificarse con que es importante cuidar, proteger; pero que eso se vuelva costumbre, que se vuelva cultura. Se debe volver una forma de pensar y actuar. Hay una enseñanza de los mayores que es muy importante, y es que nosotros los arhuacos nunca decimos: "Ese pensamiento que tienen los *hermanitos menores* está errado" o "No debe existir". Al contrario, es necesario que existan otros pensamientos; es necesario que exista el *hermano menor*. Los *bunachū* en sus historias hablan de que ellos conocen estos lugares o esta interlocución entre hermanos desde hace 500 años, cuando vino Cristóbal Colón. Eso es falso; desde antes ya veníamos dialogando. Los *hermanos menores* sí estaban en este lugar, y dialogábamos para hablar del cuidado del planeta. Pero era en el marco del respeto, en el marco del reconocimiento de culturas.

Los efectos que se están viviendo son causa de la no retribución, por eso es importante esa retribución espiritual. Los *bunachū* no entienden y regresan a esa retribución espiritual, por eso es que están viviendo las enfermedades y resultan afectados por la guerra, por la escasez, y cada vez es más difícil la vida de muchos. Ahí está: porque ellos no retribuyen. La retribución no es un ejercicio práctico, sino espiritual. Cuando tú agradeces a un árbol, tú agradeces, pero lo cuidas, lo proteges.

Al mundo del *hermanito menor* se le dejó un espíritu de retribución más material; siempre ha sido así. Digamos que hoy lo conocemos más en lo monetario, pero la esencia se supone que no debe ser tan diferente a la nuestra, que es retribuir y garantizar la vida de la Tierra para seguir existiendo. Entonces todas las retribuciones —independientemente de cómo sean— deben ir encaminadas a que siga existiendo la Tierra, que viva la vida de la Tierra, de la naturaleza.

Nosotros desde acá, desde el Corazón del Mundo, queremos difundir eso: que hay que mejorar la relación con la Tierra para poder vivir en armonía, en paz, en tranquilidad.

El mensaje que finalmente dejaría es que si de verdad vamos a encontrar un camino de diálogo, de compartir, que nos permita salvar el planeta, ese debe ser el camino: el diálogo, el compartir, pero de verdad. Y los *hermanos menores* deben cuidar a los pueblos indígenas, porque nosotros también somos vulnerables, somos débiles en algunas cosas. Entonces, que traten de no dañarnos, de no engañarnos; más bien de crear un camino de verdad, de hermandad por la naturaleza, por la existencia.

Nuestra reclamación histórica siempre consiste en que ayudemos a salvar la Sierra Nevada para que así se pueda garantizar la vida de la Tierra misma. Por eso es el Corazón del Mundo.

WD. Una de las cosas que creo que es tan poderosa acerca de los mamos es que muchas culturas indígenas, muchos pueblos alrededor del mundo, tienen ideas profundas sobre muchas cosas no solo del mundo natural, sino intuiciones espirituales, etc.; pero muy pocos son capaces de comunicar esas ideas de manera tan directa y clara en oraciones completas y párrafos completos que sean inmediatamente comprensibles para aquellos que están fuera de su propia cultura.

MK. Hoy en día hay una situación en la que podríamos decir que toda la problemática, la mayor parte, viene de afuera; efecto de esos daños, hasta llegar al punto de verse en riesgo de acabarnos como cultura. Es muy importante: si no cambia el espíritu, si no cambia la actitud que se tiene hacia el ambiente, hacia la Tierra, es muy difícil. Pero esa es nuestra tarea: seguir conservando la armonía y el equilibrio para garantizar. Entonces aquí, el Corazón del Mundo no fue dejado para la guerra, no fue dejado para explotarlo; el Corazón del Mundo fue dejado para conservarlo, para poder garantizar vida, que es el agua, que son las especies. Solo conservándolas es posible la vida[69].

Nosotros vemos muchos efectos que vienen del daño de la Tierra por las guerras. La guerra que hemos vivido en nuestro territorio es ajena, no es nuestra, pero es producto de una explotación de la Tierra misma. Es producto de un acelere, una ambición que hay hacia el daño a la Tierra. Eso no permite que haya paz en nuestro territorio. Acá nosotros tenemos nuestras propias formas de curar, de sanar, pero mucho es dado por las circunstancias que vive la Tierra misma de forma natural.

WD. Yo estaba con Mamo Camilo, que es cercano a Mamo Kuncha, en la playa cerca del río Don Diego, cerca de Santa Marta, y un día me dijo algo muy profundo: "La paz no vale nada si es solamente una manera en que los varios lados del conflicto puedan unificarse para mantener una guerra contra la naturaleza. Tenemos que creer, debemos tener paz con todo el mundo". "La paz no importará si es solo una excusa para que los tres lados del conflicto se unan para mantener una guerra contra la naturaleza. Es hora de tener paz con todo el mundo natural".

MK. La madre tierra es quien necesita la paz. Entre nosotros también es necesario para cuidar la Tierra, pero pareciera que eso no es posible. Por ejemplo, en nuestra interlocución con los *hermanos menores*, ha sido una reclamación histórica la protección de la Sierra Nevada. Esta es un espacio frágil, es un espacio que requiere un cuidado especial y protección. De hecho, existen unos linderos —por decirlo así— que se han trazado, la Línea Negra[70], que son espacios

---

69   El ejemplo de la Sierra Nevada de Santa Marta sirve para muchos otros lugares del planeta.

70   Línea limítrofe en la Sierra Nevada de Santa Marta que delimita los territorios ancestrales de los cuatro pueblos indígenas locales. Fue firmada en 2018 por el presidente Juan Manuel Santos, en búsqueda de proteger la naturaleza y la biodiversidad. Dicen los arhuacos: "La Línea Negra de la Sierra Nevada de Santa Marta es la conexión con los principios de origen de la vida. Los manglares, madre-viejas, desembocaduras de

de mucho cuidado, de protección, de conservación. Hemos hablado con la institucionalidad, con el Ministerio de Ambiente, pero eso no se cumple. Escribimos, acordamos caminos de paz, pero hacemos otra cosa. O sea, acordar y escribir una paz, pero si no lo aplicamos aquí con la naturaleza, eso no es paz, eso no es armonía.

WD. El hecho de que hayamos adoptado la magia tecnológica a nuestro favor, y con gran inteligencia, no significa que seamos más inteligentes que los aborígenes de Australia, que pusieron ese mismo genio humano en la compleja tarea de desentrañar los hilos místicos de la memoria de un mito.

Cuando los británicos llegaron por primera vez a Australia, se encontraron con una civilización de personas que parecían extrañas, que tenían una tecnología simple. Pero lo que realmente ofendió a los británicos de todos los aborígenes que conocieron en Australia fue que los aborígenes no tenían ningún interés en el progreso, ningún interés en mejorar mucho en ese aspecto.

Así que los británicos, a su manera inimitable, llegaron a la conclusión de que como los aborígenes no eran como ellos, no eran humanos en absoluto y comenzaron a dispararles.

Sería como si toda la filosofía occidental se hubiera centrado en podar los arbustos del Jardín del Edén para mantenerlo exactamente como estaba en el momento de la fatídica conversación de Adán y Eva. Lo interesante, de nuevo, no es decir quién tiene razón y quién está equivocado. Si hubiéramos seguido la filosofía devocional de los aborígenes en su conjunto, como humanidad, no habríamos puesto a un hombre en la Luna. Pero por otro lado, no estaríamos hablando de cambio climático. Así que la pregunta es, dentro de 10.000 años, cuando la gente mire hacia atrás, ¿qué intuición, qué idea, qué forma

---

ríos, cerros costeros, arrecifes, praderas y sabanas marinas que están ubicadas a lo largo de la Línea Negra constituyen barreras protectoras contra catástrofes, huracanes, enfermedades de la naturaleza y epidemias en las partes altas de la Sierra".

de pensar habrá demostrado ser la más adaptativa para la vida en el planeta y no solo para la vida humana?

MK. Diez mil años es muy largo… En muy poco tiempo los *bunachū* se van a comer entre ellos mismos. Comienzan vendiendo la tierra, después se venden ellos mismos, se venden órganos, y al final se van a comer entre ellos. Va a haber un momento en que se extingan entre ellos.

CS. Mi visión aquí es que tenemos que crear estas áreas más grandes, que son una combinación de parques nacionales y territorios indígenas locales y propietarios privados de tierras y sistemas de producción que se manejan de manera consistente con los recursos adecuados para hacerlos viables. Eso es lo que llamamos en nuestra estrategia en el futuro las fortalezas de la naturaleza.

WD. Esto no quiere decir que de alguna manera volvamos a un pasado preindustrial o que se mantenga a cualquier pueblo alejado del genio de la modernidad. La pregunta es cómo podemos encontrar una manera de generar un mundo verdaderamente pluralista en el que todas las personas y todas las culturas puedan beneficiarse de la sabiduría de los demás.

LA EDUCACIÓN Y EL ACTIVISMO

Enseñar la Ley de Origen y la retribución no significa volver al pasado. "¿Qué intuición, qué idea, qué forma de pensar habrá demostrado ser la más adaptativa para la vida en el planeta y no solo para la vida humana?", una reflexión sobre el concepto de la etnosfera y desde estas tierras colombianas, desde el Corazón y el Pulmón del Mundo, desde Colombia, desde el río Magdalena. Me sorprende ver la conciencia y profundidad de la niñez actual sobre estos temas. Hemos sido nosotros quienes les hemos enseñado, pero son ellos quienes nos llaman la atención, quienes traerán el gran cambio, transformarán el planeta y la forma como hacemos las

cosas y nos enseñarán. Es la hora de la elección y de la solución. Y está en
nuestras manos educar a quienes vienen detrás, crear las facilidades para
enseñar y convertirnos todos en activistas, cada uno desde sus capacidades.
¿Por qué la educación es tan importante en estos temas y sin duda la
educación en casa desempeña un rol tan fundamental?

FK. Antes los abuelos nos contaban historias, narrativas, fábulas; hoy los niños no escuchan eso, hoy ven televisión así estén en medio de la selva, están todo el tiempo viendo qué encuentran en el celular. Por eso es que tenemos que mirar también cómo voltear esos equipos tecnológicos para fortalecer y revitalizar la cultura. Hay que hacer ese ejercicio: lo que estamos viendo mal tenemos que voltearlo para que sea bueno para la comunidad. Esa es la causa principal de la pérdida de la cultura.

WD. Tenemos niños que pueden recitar las líneas de 10.000 canciones pop; tenemos entusiastas religiosos que pueden recitar la Biblia, pero no tenemos un solo político, probablemente en ningún cargo en Colombia, con notables excepciones, o en Canadá o en Estados Unidos, o en cualquier otro lugar, que pueda recitar la fórmula de la fotosíntesis.

FK. Se les pregunta a los niños en las escuelas y colegios públicos: ¿conocen ustedes de pueblos indígenas? Y la mayoría dice que no. ¿Conocen indígenas? Dicen, "sí, los chibchas. Pero ellos ya fallecieron hace mucho tiempo"[71]. Yo decía, "Dios mío, ¿en qué país estamos? Aquí hay 115 pueblos indígenas vivos y los colegios de las ciudades no saben que hay pueblos indígenas todavía".

WD. Si te educan para creer, como lo fuiste tú en Bogotá y yo en Canadá, que un monte es solo un montón de roca, no dudas en destrozarlo. Si crees que un bosque es solo celulosa y pies tablares, no dudas en talarlo.

---

71 La civilización muisca (o chibcha) tuvo su desarrollo en Colombia entre los años 600
    y 1600.

Gastamos miles y miles de millones de dólares enviando sondas al espacio para tratar de encontrar evidencia de agua en las lunas de Júpiter o en Marte y, sin embargo, gastamos miles de millones de dólares en la Tierra en planes industriales equivocados que destruyen el agua dulce, limitada como está, en este único planeta azul en el universo.

Si una de esas sondas regresara de algún asteroide o luna con evidencia de cinco especies de vida biológica, serían titulares en todo el mundo. Y, sin embargo, vivimos en un planeta con incontables millones de especies de vida biológica. ¿No es esto suficiente? Siempre es increíble para mí. Parte de esto se debe a nuestro fracaso como educadores.

MP. El activismo es un elemento clave en nuestra lucha contra el cambio climático. Espero que podamos tener muchas "Gretas". Solíamos tener una sola Greta antes de la pandemia, y espero que debido a esta cada joven pueda ser una activista como Greta.

MS. Aprecio plenamente la urgencia que los jóvenes están dispuestos a aportar a esta ecuación, y no están dispuestos a esperar una solución pragmática, sino que quieren una solución radical ahora.

Cuando Harrison Ford[72] pronunció un muy buen discurso en la ONU terminó diciendo: "Quiero decirles a los niños pequeños en las calles, protestando allá afuera, sigan haciendo lo que están haciendo", y luego tuvo esta última línea, donde dijo: "Y tenemos que quitarnos de su camino". Eso fue fantástico porque no estaba tratando de decirles "Vamos a ayudarlos", solo dijo: "Simplemente vamos a salir del camino". Ese es el mensaje más empoderador que puedes dar a la próxima generación.

PP. Soy muy optimista con respecto a la generación más joven; están más orientados a un propósito, son muy creativos e innovadores,

---

72 Nacido en 1942 en Estados Unidos. Actor y reconocido ambientalista, miembro de la junta directiva de Conservation International.

entienden los desafíos, quieren ser parte de la solución. De hecho, deberíamos darles un asiento en la mesa. Diría que, en muchos casos, incluso les daría la mesa. Hoy se trata de líderes y de árboles. Es invertir en liderazgo. Es garantizar que nuestros directores ejecutivos sean más valientes.

CF. El síndrome *pretraumático* me parece una buena expresión para denotar el hecho de que tantos jóvenes —sobre todo estudiosos de la ciencia del cambio climático— hayan llegado a una conclusión parcial. Ven las predicciones de la ciencia y asumen que lo que ella está diciendo no es que sea una predicción, sino que es un destino inevitable. Eso no es lo que dice la ciencia. La ciencia está diciendo: "Si sigues haciendo las cosas como hasta ahora, aquí es donde aterrizarás". Pero la ciencia también está diciendo, "tienes otra opción", y esa es la parte que no se está escuchando.

VN. Cada activista tiene una historia que contar, y cada historia tiene una solución que dar, y cada solución tiene una vida que cambiar.

Cuando me invitaron a una conferencia de prensa en el Foro Económico Mundial[73], uno de mis mensajes clave fue que deben escuchar todas las voces del movimiento climático, especialmente las que más sufren. Ese fue el mensaje clave. Entonces, más tarde vi una foto y también leí el artículo, y me di cuenta de que yo no estaba incluida en la imagen ni en el artículo.

En ese momento, solo quería preguntar por qué me habían eliminado de la foto, y esa fue la pregunta que hice. No me di cuenta de a cuánta gente llegaría y cuánto impacto tendría esa pregunta.

---

73   Vanessa Nakate tuvo un incidente por el que fue eliminada de una fotografía en un foro de cambio climático en Davos, en la que compartía espacio con Greta Thunberg, Luisa Neubauer, Isabelle Axelsson y Loukina Tille. https://www.theguardian.com/world/2020/jan/29/vanessa-nakate-interview-climate-activism-cropped-photo-davos.

El movimiento climático no es solo una cara, no son dos caras, no son tres caras; no podremos contarlos a ellos y a sus millones de personas que se están reuniendo desde diferentes comunidades con la misma visión de un mundo mejor, más saludable y más sostenible.

Después de esa indignación por la foto, y los mensajes de tanta gente en línea, se compartió la imagen completa, se dio una disculpa y una explicación. No entendí muy bien; era el lenguaje técnico sobre la fotografía.

Para mí, tener dominio o liderazgo sobre la creación en cierto modo, lo veo como un servicio. Lo veo como una responsabilidad, porque si me piden que defina a un líder, una de las cosas que vendrá primero es el servicio hacia las personas que él o ella está dirigiendo. Así que, para mí, cuando empecé a hacer activismo, no entendía realmente la conexión entre mi propia relación con Dios[74] y mi trabajo de activismo climático.

Es darse cuenta de que esa acción que pueden tomar hoy puede desencadenar un movimiento global que nunca esperaron. Ese discurso que usted puede dar hoy puede salvar un bosque de ser destruido; puede proteger a una especie en peligro de extinción. Simplemente se trata de saber que nadie es demasiado pequeño para marcar la diferencia y que ninguna acción es demasiado pequeña para transformar el mundo.

Esto es algo que no solo le diría a un niño de diez años, algo que incluso le diría a un niño de setenta y cinco años o a un niño de ocho años: que no es demasiado tarde para hacer algo. No eres demasiado joven, no eres demasiado viejo. Es el momento adecuado para que hagas algo si sientes que quieres hacer algo.

---

74 Vanessa Nakate ha sido muy abierta en comunicar su activo cristianismo.

LA ALIMENTACIÓN

"Es el momento para que hagas algo si sientes que quieres hacer algo". Uno de los mayores llamados de atención, y de las acciones más simples que podemos hacer cada uno de nosotros, es modificar la forma en que nos alimentamos. Es una de las formas más sencillas de cuidar nuestra huella y controlarla. Hay cientos de libros y de documentales, muchos de ellos en exceso amarillistas, en todas las plataformas de video, que nos alarman sobre la alimentación basada especialmente en proteína animal por su afectación al planeta, pero también por no ser tan buena para nuestra salud. ¿Cuál es la situación con la alimentación? ¿Por qué se pretende promover la disminución del consumo de proteína animal?

PP. Podemos alimentar fácilmente al mundo de 8.000 millones de personas si se quiere, pero no de la manera en que lo hacemos actualmente, que es increíblemente destructiva y causa entre el 25 % y el 30 % del calentamiento global.

JR. Este será un desafío más difícil si tenemos 10.000 millones de personas, en comparación con 8.000 millones[75]. Pero los límites planetarios no cambian, los límites permanecen en el mismo lugar.

TL. Podemos alimentar a todos los miles de millones de personas que vendrán sin destruir ni una pulgada cuadrada más de tierra. Esto se debe a que hay muchas ineficiencias en la agricultura que podrían abordarse. Es una cantidad tremenda de desperdicio de alimentos. En algunas partes del mundo, es la comida la que nunca llega al mercado; en otras partes del mundo, como en los Estados Unidos, son las cosas que permanecen en la parte posterior del refrigerador sin usar, y la tercera parte es ajustar nuestras dietas a algo más cercano a lo que nuestros médicos nos dicen que es saludable para nosotros.

---

75 Hay corrientes de ambientalistas que tienen la teoría de que el planeta debe reducir fuertemente su número de habitantes. Otros piensan que el problema está en el nivel de consumo tan elevado de los países desarrollados, y no en el número de habitantes.

No tengo una de esas actitudes extremas, de que nadie debe comer carne. Deberías mirar tu dieta total y asegurarte de que sea amigable con el planeta y agradable para ti.

CS. Pensar en la manera como producimos y consumimos alimentos es un tema fundamental. Todos necesitamos comer; como humanos disponemos de comida y de biodiversidad para el desayuno, el almuerzo y la cena cada día. No podemos existir como especie sin los alimentos que nos proporcionan nuestras calorías y energías. El desafío es que la forma como producimos alimentos ha cambiado con la agricultura, y con la agricultura intensiva en particular.

El gran desafío que tenemos es cómo aumentar la producción de alimentos sin aumentar la huella de la producción agrícola en el planeta. Necesitamos producir más, con menos tierra y menos océano.

MP. ¿Cómo podemos diversificar nuestra dieta como una forma de evitar el impacto que podría crear el cambio climático, pero también como una forma de mantener actividades que podrían apoyar a las personas más pobres, campesinos y grupos indígenas del mundo?

CN. Tenemos que reducir el consumo de proteína animal, especialmente la carne de vacuno, y esto es muy importante. Será esencial para la protección de las selvas tropicales. A escala mundial, el 65 % de todas las áreas selváticas en los trópicos globales —selvas globales— son para ganado.

MS. El mundo desarrollado, los países del G20, aquellos de nosotros que podemos permitírnoslo, deberíamos estar cambiando nuestra dieta para comer más abajo en la cadena alimentaria.

SE. Mi respuesta es que si puedes permitirte no comer animales silvestres, por supuesto, no los comas.

CF. Cambiar nuestros hábitos alimenticios, en primer lugar, está completamente bajo nuestro control. No necesitamos ninguna política gubernamental para hacer eso. Por eso es tan interesante, porque está completamente bajo nuestro control individual. Y sí, aunque solo el 25 % de las emisiones provienen del uso de la tierra, sería una forma muy rápida y efectiva de reducir nuestras emisiones

El 30 % de la superficie terrestre, que es el 70 % de toda la tierra agrícola, se utiliza para la cría de animales de granja, que son para nuestro consumo. El 70 % de todas las tierras agrícolas. Y si no tuviéramos esa dedicación de tierra a la cría de animales, esa tierra albergaría hábitats naturales, selvas tropicales valiosas, ecosistemas valiosos, o tal vez verduras y otros alimentos que podríamos usar directamente para nuestra propia alimentación. Porque lo interesante es que dedicamos toda esta tierra agrícola a la cría de animales para luego matar a los animales y consumirlos; así que esa es una forma muy ineficiente de producir proteínas para nosotros.

Esto no significa que si sigues consumiendo carne roja siete días a la semana y algunas personas dos veces al día, tengas que pasar inmediatamente a la alimentación vegetal. Pero al menos comienza con un día que sea proteína de origen vegetal, luego muévete hacia arriba hasta dos, luego muévete hacia arriba a tres. En realidad, esto puede ser un esfuerzo progresivo. No tiene que hacerse de la noche a la mañana; sería muy difícil. Pero sí, sería una contribución muy importante, porque cuanto más demandemos carne a los animales, más tendrá que proporcionar y suministrar la industria y más tendrán que usar la tierra para criar los animales que luego comemos.

MS. Si tú eres alguien que vive en Colombia o aquí en Washington D. C. o en cualquier lugar y dices, "hoy quiero hacer un poco de diferencia en la ecuación climática del planeta", yo te diría: "Piensa en lo que estás comiendo y cómo lo estás preparando, porque ese uso de energía en tu hogar es probablemente el más fácil que puedes ajustar, y va a ser idealmente más barato para ti y posiblemente también más saludable".

Mi madre es exquisita utilizando cada pedacito de comida que compra. "Úsalo de alguna manera y reutilízalo y reformúlalo". Es asombroso si vas y miras cómo cocina, cómo maneja la nevera y qué congela y qué usa. Es increíble. Luego miro todas las semanas, cuando tengo que pensar en lo que estoy comprando y también en lo que está pasando en mi basura. Cocino mucho mientras estoy en casa. Es como un dolor por el desperdicio. Estos son alimentos muy ricos en carbono que a menudo se han cultivado muy lejos, han recorrido un largo camino, se han quedado en camiones refrigerados, han pasado por varios pasos para llegar a mi lugar, donde están refrigerados. Luego se sacan, luego se cocinan en una estufa muy caliente, solo para desperdiciarlos. Eso es casi inexcusable.

CF. Lo que sucede es que hay demasiadas interrupciones entre la producción de alimentos en la granja y los alimentos que llegan a las personas. En todos los puntos de ese ciclo: en la cosecha, en el transporte, en la venta, hay tantas interrupciones que hacen que en realidad desperdiciemos alimentos en ese ciclo que va de la granja a la mesa.

MP. Es interesante lo mucho que hemos empezado a entender que al abordar el desperdicio de alimentos, la pérdida de alimentos y la dieta, también podemos lidiar con la crisis climática.

CF. Una de las cosas que deberíamos analizar es cómo reducimos la distancia entre la granja y la mesa. ¿Cómo avanzamos hacia alimentos producidos más localmente, lo que significa que tendríamos menos transporte, menos emisiones y podríamos modular el hecho de que los alimentos se pueden distribuir más fácilmente cuando la distancia no es tan grande?

MS. No desperdicies comida; trata de comer bajo en la cadena alimenticia y sé muy cuidadoso sobre cómo preparas esa comida.

Tres veces al día puedes marcar la diferencia, cuando te levantas por la mañana y preparas tu café o tu té o lo que sea que tengas en esa mañana. Cuánta agua estás usando, cuánta estás hirviendo, para hacer que el café haga una gran diferencia en el uso de energía del día; si estás hirviendo tanta agua para tanto café, y estás tirando esta cantidad por el desagüe. Hay un viejo chiste: ¿cuál es el bebedor número uno de café en el mundo? En realidad, es el fregadero de la cocina. La gente hace una gran jarra de café y al final del día, en la oficina, se va por el fregadero. Así que ser capaz de pensar en esa pequeña acción en mi casa, una acción muy común que tiene lugar, y reducir la cantidad de agua que estoy hirviendo para hacer mi café, hace toda la diferencia en mi uso diario de energía.

La cantidad de carne que estamos comiendo en el mundo occidental es poco saludable para nosotros. No es bueno para nosotros, no es bueno para nuestros cuerpos, no es bueno para nuestro sistema de salud, no es bueno para nuestra longevidad; definitivamente, no es bueno para nuestro planeta. Por lo tanto, reducirla debería ser absolutamente parte de cualquier plan climático inteligente. Ahora hay alternativas a la carne de vacuno que son alternativas legítimas. Hay compañías como Impossible Foods o Beyond Meat, y cosas así, que son legítimamente buenas.

FB. Alguien dirá que vamos a reemplazar la carne de vaca por otra carne que sea artificial, y es válido. No me estoy negando desde el punto de vista de avanzar con las tecnologías, a ir cambiando los hábitos. Pero no escojamos un ganador desde el principio, mejor permitamos que vaya avanzando la ciencia y que el hombre muestre otra vez que sí es capaz de adaptarse, y, sobre todo, que no dejemos gente afectada en el camino.

MS. Usamos una gran cantidad de fertilizantes, mucha energía, una gran cantidad de combustibles fósiles para cultivar granos que luego alimentan a una alta densidad de vacas en grandes cantidades de ganado que producen enormes cantidades de metano. Muy malo en cada paso del camino.

Puede haber algunas cosas que podamos hacer para reducir las emisiones de metano de las vacas, que es realmente la parte difícil de lo que hace el ganado. La forma en que el ganado digiere sus alimentos produce cantidades extraordinarias de metano, que es un gas de calentamiento climático muy peligroso.

Si piensas en todos los productos y todo el esfuerzo que ponemos en tratar de vivir más tiempo, lo más fácil es cuidar tu dieta. Y si lo haces de una manera que es buena para ti, eso realmente te ayudará a vivir una vida más larga y saludable. También ayudarás al planeta al mismo tiempo, de forma gratuita, reduciendo las emisiones de carbono.

En su mayor parte, todos pagamos muy poco por la comida. Esa es la única cosa de la que realmente no hemos hablado como sociedad. La mayoría de nosotros que podemos permitírnoslo, en el llamado mundo en desarrollo, si realmente nos fijamos en el precio de los alimentos que estamos pagando, en comparación con las personas en el otro extremo del espectro, es una propuesta extraordinariamente barata. Puedo comprar fresas en pleno invierno en Washington D. C. Eso es una locura. Puedo comprarlas por unos pocos centavos más de lo que puedo comprarlas en el verano; ¿cómo es posible? La misma razón por la que puedes conseguir hamburguesas. Así que estamos hablando de pan, lo que significa trigo, que ha crecido en algún lugar bajo sistemas intensivos en carbono, que luego se transporta, luego se procesa, luego se convierte en pan, que luego se hornea con una hamburguesa hecha de un animal vivo, una vaca que ha crecido en algún lugar lejano con grano que ha sido alimentado y mantenido en una granja, etcétera, y todo eso se cocina a menudo con la rebanada de queso en el medio, junto con algunos condimentos. Puedo obtener eso por básicamente alrededor de 1 dólar 50. Eso es increíble. No hay nada racional en ese precio para básicamente una comida de 400 calorías. La razón por la que es posible es porque está altamente subsidiado por combustibles fósiles baratos.

PP. Pensemos en un sistema alimentario en el que restauremos y reparemos la biodiversidad; donde los agricultores tengan una vida digna porque se les paga por servicios basados en la naturaleza; donde el suelo se está enriqueciendo de nuevo gracias a la agricultura regenerativa[76]; donde los alimentos son más sanos, de mayor valor nutricional, más amigables con el clima. Todo eso es posible: menos pesticidas, menos herbicidas. Todo eso es posible con el sistema agrícola regenerativo y, francamente, restaura la casa de este planeta.

LAS CIUDADES

¿Por qué se habla de las ciudades como algo muy importante para la causa común?

CS. Creo que las ciudades son una gran parte de la solución. Creo que el desafío es que tenemos 8.000 millones de personas, y tendremos 1.000 o 2.000 millones más. El desafío es ¿dónde van a vivir esas personas? Todos estamos ahí fuera, repartidos por todo el planeta. Nuestra huella humana será enorme. Pero al concentrar a estas personas en áreas urbanas, en ciudades, podemos reducir la huella humana. Podemos mejorar su calidad de vida; tendrán un mejor acceso a agua limpia, aire limpio, educación y muchas otras áreas.

MP. Las ciudades son una forma clave de abordar la crisis climática, porque al trabajar en ciudades se pueden abordar diferentes fuentes de emisiones al mismo tiempo: construcción, que es sin duda uno de esos grandes emisores; transporte, residuos sólidos, energía, movilidad... Todos esos diferentes sectores relacionados con las ciudades podrían abordarse si tenemos una agenda de ciudades fuerte.

CS. Hay muy buena evidencia de que el impacto promedio de una persona que vive en la ciudad, su huella, es sustancialmente menor que la de la persona promedio que vive en áreas rurales. Así

---

76   Agricultura definida bajo el objetivo de optimización de recursos: reducir las emisiones de carbono, racionalizar recursos, regenerar los suelos y reducir el impacto en la biodiversidad.

que en ciudades como Nueva York, donde estoy ahora, por ejemplo, el consumo promedio de agua de una persona es aproximadamente un 40 % menor que el del ciudadano promedio en los Estados Unidos. Hay una oportunidad real al promover la urbanización y trasladar a las personas allí, y asegurarnos de la manera como obtenemos los alimentos y los materiales que las personas están usando, y construir ciudades sostenibles para el futuro.

Las ciudades son laboratorios de innovación, se están transformando ante nuestros ojos. Y lo veo aquí mismo en Nueva York. Esta ciudad está cambiando rápidamente de manera positiva; la huella ambiental es cada vez menor. Hay un problema real, una oportunidad real con las nuevas ciudades que se están construyendo en todo el mundo para hacerlas mucho más sostenibles. Singapur es un muy buen ejemplo de cómo construir las diferentes ciudades.

LAS EMPRESAS

El neto cero para 2050 lo que ha hecho es evidenciarnos que debemos modificar en gran medida la forma como vivimos: como producimos, como construimos, como nos alimentamos, como nos transportamos, como creamos energía, algo que ya hemos entendido a través de estos diálogos. Es modificar la forma como nos relacionamos con la naturaleza y la utilizamos para el bienestar común de la humanidad. Esto puede abordarse de distintas maneras: una negación absoluta, en la que nos autorreafirmamos que todo lo que hacemos es de la mejor forma posible y que no existen otras posibilidades. O una mente abierta en la que entendemos que la transición energética lo que hace es invitarnos a pensar en formas distintas de hacer las cosas: buscar una armonía que permita mantener el crecimiento económico y el nivel de bienestar, pero con unas economías conscientes y una civilización ecológica, mientras cada vez sale más gente de la pobreza. Nos enfrentamos entonces a la mayor oportunidad de negocios, desde el punto de vista de empresas, de la historia de la humanidad. ¿Es así?

CF. Debemos detener esta pesadilla de pensar que abordar el cambio climático y pasar a las energías renovables es una carga. No es una carga, es una oportunidad; en realidad, es la forma en que todo el mundo debería salir de sus propios intereses iluminados. Esto no es una carga, es una oportunidad.

Todos los países tienen al menos energía solar, eólica, hidroeléctrica o geotérmica. Hay algo disponible allí, en todos los países. Entonces ¿no es eso lo que queremos? Dejemos de pensar que esto es una carga; dejemos de pensar que esto es imposible. Esto es completamente posible y es mejor para nosotros. Por favor, despertemos a la oportunidad.

"La transición es pasar de moléculas pesadas y ardientes a electrones ligeros y obedientes", es pasar "de cazar combustibles fósiles a cultivar el sol". Es una lógica energética completamente diferente, y que es mejor para todos los países, excepto para aquellos que dependen de las exportaciones de combustibles fósiles.

MP. Muchas personas están acostumbradas a pensar que implementar el Acuerdo de París es solo una obligación de los Gobiernos, y eso no es cierto. Es una obligación de todos los diferentes actores que podrían contribuir a abordar la emergencia climática. Me refiero, sin duda, al Gobierno, más un sector empresarial activo y bien comprometido, más una sociedad civil muy activa, y también una academia muy activa.

PP. Si tienes más de 500 de las compañías más grandes del mundo que abrazan completamente la sostenibilidad y no puedes hablar con ninguna de estas grandes compañías sin hablar de sostenibilidad, hay un punto de inflexión allí.

Siempre he sentido que las empresas deben estar ahí para servir a la sociedad, no para dañarla. Y si quieres ser aceptado por la sociedad a largo plazo, tienes que demostrar que eres un contribuyente real para mejorar la sociedad.

Durante las últimas cinco décadas, con el enfoque en lo que llaman la doctrina Milton Friedman[77] de la primacía de los accionistas, nos enfocamos demasiado en satisfacer las necesidades de los accionistas. Definimos el éxito de manera demasiado estrecha como resultado de eso: hemos visto la creciente desigualdad, vemos que estas presiones en el mundo están surgiendo y no estamos abordando algunos de estos problemas fundamentales, como el cambio climático, la inseguridad alimentaria o la deforestación. Así que siempre he sentido que el papel de los negocios era más amplio que solo ganar dinero.

¿Por qué no podemos dirigir la empresa por este bien más amplio, poniendo los Objetivos de Desarrollo Sostenible en el centro de nuestra estrategia, haciendo de la sostenibilidad la estrategia? Creo firmemente que no puedes tener una empresa con propósito si no eres tú mismo un propósito, al igual que no puedes tener una empresa sostenible si tú mismo no eres sostenible.

La mayor oportunidad es ver los Objetivos de Desarrollo Sostenible, que en realidad son una tabla de puntuación de dónde está la humanidad. Se podría interpretar como "aquí están los déficits". Por lo tanto, estas son nuestras deficiencias, pero también se puede interpretar como que las brechas de lo que necesitamos abordar para erradicar irreversiblemente la pobreza o para no dejar a nadie atrás son de hecho estas enormes oportunidades.

El segundo concepto que surgió[78] fue establecer objetivos que estuvieran alineados con lo que la ciencia nos decía que necesitábamos. Los problemas del cambio climático eran bien conocidos, por lo

---

77 Economista y estadístico (1912-2006). Premio nobel de Economía.

78 Durante su labor como CEO de Unilever trazó una estrategia muy fuerte en sostenibilidad enfocada a lo que llamó *Net Positive*.

que dijimos: necesitamos descarbonizar nuestros modelos de negocio. Necesitábamos pasar a un abastecimiento sostenible. Necesitábamos desvincular nuestro crecimiento del impacto ambiental, reduciendo la presión sobre el planeta. Así que establecimos objetivos muy agresivos como una de las primeras empresas en hacerlo y luego entendimos que no se trata solo del retorno del capital financiero, sino cada vez más también del retorno del capital social, humano y ambiental.

MS. A diferencia de hace tres o cuatro años, hoy en día la mayoría de las grandes empresas y grandes corporaciones aprecian y entienden plenamente el desafío que plantea el cambio climático. Garantizan que su compañía se devaluará en el futuro si no incorporan completamente el cambio climático. Tienden a tener una voz descomunal en la ecuación porque proporcionan empleos y socavan y ayudan a impulsar la economía. Ahí es cuando se puede ver la capacidad de que podamos hablar con personas, tal vez a la derecha del espectro político, que están más en sintonía con escucharlo de un CEO corporativo, que escucharlo de un verde o un "abrazador de árboles" (*treehugger*) como yo.

Así que creo que los CEO corporativos y las acciones corporativas probablemente nos ayudarán a superar este lugar insalubre en el que estamos ahora, donde parte de un sistema político realmente no quiere lidiar con el cambio climático.

¿Cómo cambiamos la forma en que fabricamos y producimos bienes? ¿Cómo cambiamos la forma en que hacemos la construcción? Estoy bastante seguro de que hay una gran cantidad de fondos y mucho capital fluyendo hacia esa parte de la solución. Y si lo hacemos bien, podemos tener un gran impacto. Esta parte de la solución que estoy diciendo es una fruta al alcance de la mano.

TL. Un ejemplo es que la empresa empacadora de carne más grande del mundo es brasileña y también tiene una gran presencia en Estados Unidos, y han hecho una promesa bastante creíble de no comprar carne de res que provenga de la deforestación.

CN. "No vamos a comprar productos de Brasil si siguen aumentando la deforestación". Así que eso se convirtió en un movimiento global de fondos de inversión —sector económico— y eso ha tenido un efecto mucho más profundo en hacer que los Gobiernos despierten a los riesgos económicos.

Muchas empresas internacionales importadoras de carne y soya dicen: "Cero deforestación en los biomas brasileños", no solo en la Amazonía. La deforestación cero en la Amazonía se está convirtiendo en una demanda global.

MP. Ahora está claro un nuevo objetivo que muchas esferas del mundo han adoptado en relación con la emisión: que el volumen de carbono en nuestros productos de exportación va a condicionar nuestra disponibilidad para seguir exportándolos para el mundo. Si el mundo está definiendo metas que rondan para 2030 el 50 % —Colombia 52 %, Europa 55 %—, es claro que la nueva economía está condicionando el volumen de carbono de nuestros productos de exportación.

PP. Las empresas necesitan beneficios para reinvertir, para aportar a pensiones a las personas que han trabajado allí, para invertir en la expansión de sus maravillosos productos en nuevos países si así lo desean; pero no se puede vivir solo para obtener ganancias. Eso no motiva a la gente. Lo que motiva a las personas es pertenecer a algo más grande de lo que pueden crear para sí mismos, para dejar un impacto duradero.

La gente dice: "Hay una compensación entre el propósito y la ganancia" o "la ganancia y el propósito están finamente equilibrados". Yo diría, "no, es la ganancia a través del propósito". Y cada vez más estamos empezando a entender y aprender que las empresas que están más impulsadas por un propósito también son más rentables.

En su libro *Prosperidad,* Colin Mayer[79] define *propósito* como abordar de manera provechosa los problemas de las personas y el

---

79   Nacido en Londres en 1953. Profesor emérito de la Universidad de Oxford.

planeta. Y es importante que haya un cierto nivel de ganancias con el que sé que algunas personas tienen un problema. Pero yo veo las ganancias no de manera diferente a como veo los glóbulos blancos en el cuerpo: se necesitan glóbulos blancos para vivir, pero no se vive para los glóbulos blancos. Y lo mismo ocurre con las ganancias.

Mark Twain habló de dos momentos importantes en la vida: uno que es el momento en que naciste y el segundo es el momento en que descubriste para qué naciste. Y nos quedó muy claro que cuando nos mudamos al Plan de Vida Sustentable de Unilever[80] había un propósito mayor de hacer que la vida sustentable fuera algo común con estos objetivos audaces que pusimos detrás; con eso desbloqueamos una enorme cantidad de energía. Nos convertimos en la empresa con calificación más sustentable del mundo; estábamos atrayendo a dos millones de personas que querían trabajar para nuestra empresa. Todo eso finalmente se traduce en mejores resultados.

El "propósito" es absolutamente clave porque abordar el cambio climático no es solo cuestión de resolver el carbono en la atmósfera, sino también de resolver los problemas que surgen de eso como resultado. Prevenir el cambio climático no es el único objetivo; el objetivo general es ayudar a las personas, es dar a todos una oportunidad. Ocho millones de personas mueren cada año solo por la contaminación del aire. Cientos de millones de personas pierden sus medios de subsistencia. Los precios de los alimentos están por las nubes y las personas están volviendo a la pobreza como resultado del cambio climático. Por lo tanto, afrontar el cambio climático tiene que ver con el desarrollo humano. Se trata de proteger estos valores en los que se basa la humanidad. Valores como la dignidad y el respeto a todos, la equidad, la compasión. Y si continuamente vemos, como hemos mencionado antes, que la mayor parte de las personas que

---

80 Nombre dado al plan de sostenibilidad de Unilever creado por Polman en 2010, con el fin de impactar a 1.300 millones de personas.

pagan el precio del cambio climático son las que no lo han causado, entonces tenemos un gran problema de derechos humanos.

No hay duda, cuando no éramos plenamente conscientes de las limitaciones de nuestros límites planetarios, pasamos por un largo periodo de priorizar el valor para los accionistas, y todavía algunas empresas lo hacen. No hay absolutamente ninguna duda al respecto. Pero cada vez más estamos recibiendo datos que muestran que esa podría no ser la mejor manera de crear valor a largo plazo. Si se adopta la posición de que la mayor parte del dinero que se está invirtiendo en este mundo es dinero institucional que representa nuestros fondos de pensiones, etc., las personas que se van a jubilar dentro de veinte o treinta años, no solo quieren un buen rendimiento de sus inversiones para poder jubilarse, sino que también quieren el mundo en el que puedan jubilarse. Y cada vez más podemos demostrar que para estos accionistas a largo plazo —que siguen siendo la mayoría del mercado financiero—, los intereses de los accionistas y de los demás grupos de interés están cada vez más alineados cuidando mejor a sus empleados, teniendo relaciones más sólidas con las comunidades en las que se encuentran, cadenas de valor más resilientes. Al asumir la responsabilidad de atacar estas externalidades negativas, ahora tienes más posibilidades de posicionar mejor a tu compañía para el futuro. Ser más sostenible, ser más equitativo, tiene sentido desde el punto de vista empresarial. Ahora podemos demostrar que la empresa que es más diversa en cuanto al género —también en cuanto a consejo de administración— tiende a tener un mejor desempeño que las empresas que no lo son. No me sorprende que si se puede acceder a una reserva global de talento, también podamos demostrar que las empresas que están descarbonizando sus modelos de negocio de forma más agresiva están siendo más valoradas por el mercado financiero que las empresas que no lo hacen.

No creo que se pueda atraer realmente a los mejores talentos si no se compromete, porque la generación Z y los *Millennials* están buscando empresas que estén marcando la diferencia. Y luego están las señales del mercado: los consumidores de todo el mundo pueden tener diferentes formas de expresarlo, pero cada vez más buscan productos que resuelvan los problemas del mundo, que sientan que son parte de la solución, no parte del problema. Así nos estamos moviendo; el problema, y ese es probablemente el mayor, es que no nos estamos moviendo lo suficientemente rápido.

Las empresas son muy buenas para hacer enormes inversiones, ir a nuevos países, construir una fábrica, educar y capacitar a su fuerza laboral. Y muchas de estas inversiones tienen un pago que puede ser de cinco años, diez años, a veces dentro de veinte años, y están felices de hacerlo. ¿Por qué no querríamos hacer lo mismo al hacer inversiones cuando se trata del futuro de la humanidad? En realidad, estas deberían ser las inversiones más importantes, especialmente ahora que podemos demostrar que tienen un mayor rendimiento. Invertir en energía verde tiene sentido desde el punto de vista económico ahora. Por eso, la gente lo está haciendo. Están comprando vehículos eléctricos: abarcan el 20 % de las ventas que vemos ahora a escala mundial. La razón no es porque la gente quiera ser filantrópica, sino porque tiene sentido económico.

Si no le damos a la gente más espacio para hacer lo correcto, es muy difícil que lo hagan individual y colectivamente. Por eso es tan importante tener un precio para estas externalidades negativas, como las emisiones de carbono o el abastecimiento insostenible, etc. Así que yo tenía que conseguir que la gente tuviera la mentalidad correcta. Si quisiéramos abordar estos problemas con Unilever, de la seguridad alimentaria o la desigualdad o la deforestación en el sector del aceite de palma, por ejemplo, yo no podría hacerlo en la lucha sin cuartel de los informes trimestrales[81]. Necesitábamos más tiempo para eso.

---

81 Polman tomó una decisión inusual en las compañías listadas en bolsa: dejar de reportar trimestralmente los resultados a los mercados para poder trabajar pensando a largo plazo.

Del mismo modo, si quería abordar la cuestión fundamental básica para que esta empresa funcionara a largo plazo, también económicamente, tenía que hacer inversiones a largo plazo. Como he dicho, la inversión mínima que hacen las empresas antes de pagar es de al menos cinco años, y algunas empresas mucho más. Por lo tanto, si bien necesitamos entregar en un periodo más corto, no debería ser cada noventa días; y, francamente, no hay ninguna razón para ello, ni un requisito en la mayoría de los países. Entonces al dejar claro que no daríamos una guía, que no informaríamos trimestralmente, al trasladar nuestro sistema de compensación a más largo plazo, creamos el entorno para que las personas se comportaran de manera diferente. Y como podían comportarse de manera diferente —y obviamente poniendo la estrategia correcta detrás de eso y algunos otros elementos—, estábamos obteniendo los resultados. Y a medida que obteníamos los resultados, lo que nos llevó uno o dos años antes de que realmente pudiéramos demostrar que, debido a que estábamos obteniendo los resultados, todo el mundo estaba satisfecho con lo que estábamos haciendo. Ahora, desafortunadamente, desearía que más empresas nos hubieran seguido. No hay duda al respecto. Y al principio, cuando lo hice, el rendimiento de Unilever aún no estaba allí.

Ya no hay que convencer a la gente de que esto tiene sentido, de que el cambio climático es una tremenda oportunidad para cualquier negocio que lo entienda, sino de hacer que la gente entienda que necesitamos llegar a un factor de tres o cuatro veces la velocidad de lo que hacemos actualmente.

No solo hay Gobiernos que se mueven, sino que también hay empresas que se mueven. Cerca de 4.000 empresas han establecido objetivos basados en la ciencia para el clima, y pronto veremos objetivos basados en la ciencia para la naturaleza. Y, curiosamente, alrededor del 60 % de las pymes, que son la mayoría, y que sigue siendo la mayor parte de nuestra actividad económica, han establecido objetivos basados en la ciencia, especialmente los de las industrias de servicios, la fabricación o la infraestructura, porque a menudo están en la cadena de valor de estas empresas más grandes, y estas empresas más grandes, que han asumido compromisos de Alcance Tres[82] o de la cadena de valor, también necesitan hacerlos.

FB. Hay cosas que uno puede hacer en esos negocios: ¿cómo soy más consciente de la utilización de la energía?, ¿los contadores están funcionando bien?, ¿han venido a hacer las inspecciones? Hoy hay mucha más tecnología; veo un mundo donde uno puede tener energía, juntarse con otros, hacer alguna generación, y cuando no esté consumiendo puedo venderle a la red. Ser mucho más consciente con el tema de las energías, ser más consciente con el tema del agua, con el de emisiones.

Hay un rol muy importante no solo para el Gobierno, sino también para las compañías prestadoras de servicios, para que ayuden a la gente a que avance en este entendimiento sobre emisiones y reducción. Un país como Colombia ha avanzado muchísimo en mil cosas. Temas tan sencillos como la utilización de los cinturones de seguridad. Hoy tenemos tecnología, tenemos acceso a los teléfonos, y demás. Yo creo que se puede avanzar.

PP. Demasiados CEO, cuando consiguen sus trabajos, están bajo un horizonte temporal muy corto. La permanencia promedio de un CEO se ha reducido a menos de cinco años; por lo tanto, no se toman el tiempo para buscar la base de inversionistas adecuada porque se necesita tiempo para cambiarla. Deben estar alineados con sus estrategias.

Descubrimos que las empresas que tienen una orientación más a largo plazo también se comunican más a largo plazo —reportan menos—, son capaces de atraer a más accionistas a largo plazo y, de hecho, también tienen un mejor desempeño financiero.

---

82 *Scope Three,* en emisiones. The Greenhouse Gas Protocol reconoce tres alcances para emisión de gases de efecto invernadero en quince categorías, entre ellas viajes aéreos, traslado de empleados, disposición de residuos, inversiones, combustibles fósiles, emisiones, vehículos y uso de energía.

Muchas empresas dirían que la presión a corto plazo en realidad no proviene del mercado financiero, sino de sus consejos de administración. El 75 % dice que es la presión de sus juntas directivas. Hay que fijarse en los sistemas de incentivos. El plan de incentivos a largo plazo promedio en los Estados Unidos —leí— fue de 1,8 años. Es decir, no se puede decir que sea a largo plazo. Es necesario que te comprometas activamente con los accionistas y expliques tu modelo de creación de valor.

Las empresas se beneficiaron durante mucho tiempo de Gobiernos que funcionaban, y nos ayudaron a ser globales, y a crear una enorme cantidad de riqueza. Ahora tenemos un poco más de responsabilidad, y los ciudadanos de este mundo esperan eso. Esperan que los líderes empresariales hablen sobre temas de importancia y ser parte de estas transformaciones más amplias, en gran medida de lo que llamamos empresas netas positivas.

VN. No creo que la crisis climática deba ser una herramienta de *marketing*[83] para ninguna marca; no creo que esa sea la forma de crear conciencia sobre el cambio climático.

PP. Siempre digo que, en última instancia, el liderazgo comienza cuando te das cuenta de que al ponerte al servicio de los demás, también estás mejor para ti mismo. Así que eso es lo que las empresas también están realizando cada vez más. Por lo tanto, creo que la asociación y el liderazgo cooperativo versus el liderazgo competitivo serán cosas de las que escucharemos más a medida que avancemos.

FB. Los líderes tienen que hacer tres cosas: poder visualizar el futuro, poder atraer y desarrollar talento y poder modelar la cultura de las organizaciones.

---

83 Muchas empresas hacen uso de la sostenibilidad para hacer *greenwash*, a fin de aparentar ser más sostenibles de lo que en realidad son. Vanessa se refiere en este caso a una marca de ropa interior que había hecho alusión al calentamiento global para el lanzamiento de un producto.

PP. Cada vez se ve más que las personas que entienden esto, que tienen una conciencia no solo de los problemas, sino también de las contribuciones que pueden hacer para resolverlos, se dan cuenta de que esta es probablemente la oportunidad de inversión del siglo.

Solo algunas empresas han redefinido el éxito pasando de una definición estrecha de beneficio a una definición más amplia de los rendimientos de múltiples partes interesadas.

¿Cómo puedes beneficiarte de resolver los problemas del mundo en lugar de crearlos? Pero, en última instancia, ¿está el mundo mejor porque tu negocio está en él?, ¿sí o no?

LA TECNOLOGÍA

"Está el mundo mejor porque tu negocio está en él, ¿sí o no?", potente reflexión. Y también expone la discusión entre idealismo, realismo y negativismo. ¿Es alcanzable la transición energética? ¿Tenemos las herramientas tecnológicas para lograrla?

CN. Algunas personas pueden decir: "Hay demasiado idealismo". No. Creo que hay realismo, porque podemos demostrar con innovación que podemos crear estas nuevas bioeconomías.

MP. La tecnología ha desarrollado sus mecanismos y sus herramientas para llevar nuestro trabajo a una nueva era, la era de la electrificación de la economía, de la descarbonización, la era en la que deberíamos eliminar gradualmente los combustibles fósiles: primero el carbón, luego el diésel, luego los otros combustibles fósiles, finalmente el gas. La tecnología ha desarrollado mecanismos para trabajar la transición energética de forma clara.

CF. No quiere decir que no estemos avanzando en la dirección correcta. En realidad, esto no es así para el uso de la tierra, pero si nos fijamos en la energía —el 75 % de las emisiones provienen de ella—, entonces vemos que hay ciertos subsectores de la energía, a saber: la energía solar, la energía eólica, el transporte eléctrico y las baterías, que ya han entrado en una curva exponencial de transformación, lo que significa que aumentarán muy rápidamente no solo en su paridad de precios, porque ya lo están, sino también en términos de su competitividad y su presencia en el mercado.

PP. Vamos a la COP26 —en Glasgow— o a la COP28 —en los Emiratos Árabes Unidos—. Vemos grandes iniciativas empresariales que se unen para avanzar más rápido hacia el hidrógeno verde, para llegar al combustible sostenible de las aerolíneas, para acelerar la implementación de la agricultura regenerativa, etc. Y estas alianzas dan cada vez más coraje a los Gobiernos, con suerte, para moverse un poco más ambiciosamente de lo que lo hacen actualmente.

MS. A largo plazo, necesitamos tener soluciones tecnológicas para la eliminación de carbono a escala. Y no tengo dudas de que vamos a conseguirlo. El problema es la velocidad con la que podemos llegar allí.

En este momento no existe una tecnología de eliminación de carbono que funcione a escala que pueda competir con el precio que ofrece un árbol. Así que, en este momento, la mejor tecnología de eliminación de carbono que tenemos en el planeta ha sido perfeccionada por literalmente decenas de millones de años de evolución en forma de árbol; cientos de millones de años de evolución, si piensas en la fotosíntesis. Este es un proceso realmente bueno para usar la luz solar, un *commodity* gratuito, para convertir el dióxido de carbono de la atmósfera en material de construcción de carbono bloqueado que tú y yo comemos y de lo que vivimos. Es algo increíble. Pero la naturaleza ha tardado literalmente cientos de miles de millones de años en llevarnos allí. Una solución de ingeniería es posible, pero puede que no suceda lo suficientemente rápido.

No hay ninguna buena razón por la que debamos seguir destruyendo los ecosistemas ricos en carbono, en particular los bosques tropicales; al mismo tiempo, tenemos que invertir en tecnologías de eliminación de carbono, además de proteger los árboles, porque a largo plazo no solo tenemos que detener las emisiones, también tenemos que empezar a correr el reloj hacia atrás. Y para realmente correr ese reloj hacia atrás, vas a tener que contar con soluciones tecnológicas.

A corto plazo, hay que seguir protegiendo los árboles, los bosques y los ecosistemas ricos en carbono.

Aquí en Washington D. C. literalmente podrías tener un portaaviones frente a la costa, a solo unas millas de distancia, con armas nucleares, o un submarino nuclear navegando alrededor del océano, y no recibirías muchas protestas. Pero intenta construir una planta nuclear utilizando las mejores tecnologías disponibles y verás las protestas. Así que tenemos esta comprensión inusual y, para ser absolutamente honesto, poco saludable del riesgo, y tendemos a sobreestimar ciertos tipos de riesgos.

Hay mucha tecnología nueva que está en juego para crear reactores nucleares más pequeños y mucho más resistentes que se pueden desplegar de manera segura, obviamente con las pautas correctas y los controles correctos que pueden ayudarnos a llegar a la neutralidad de carbono más rápido. La mayoría de las personas que ven este problema desde una especie de perspectiva científica o una perspectiva racional estarían de acuerdo en que no hay forma de que el planeta satisfaga sus necesidades energéticas y vaya a la neutralidad de carbono, y realmente estoy hablando de las necesidades energéticas de las comunidades pobres, las comunidades rurales.

CF. La economía política de hoy es absolutamente clara en que las energías renovables son tecnologías mucho mejores, muy superiores a los combustibles fósiles. Son más competitivas, tienen precios más bajos, son más eficientes, se distribuyen en lugar de concentrarse en unos pocos países que abusan del poder y del precio de los combustibles fósiles. Simplemente, hay mucho más que obtener de las energías renovables.

El Rocky Mountain Institute (RMI)[84] publicó hace poco tiempo un brillante artículo que argumenta la superioridad de las tecnologías, de las renovables, y dice muy claramente: "La transición energética —es decir, de los combustibles fósiles a las renovables— es un cambio de un sistema concentrado, caro, contaminante y basado en materias primas sin curva de aprendizaje —los combustibles fósiles no han tenido curva de aprendizaje, no ha habido mejoras en los últimos cincuenta años— a un sistema eficiente, fabricado e impulsado por la tecnología que ofrece costos en continua caída [...]. Caída de los costos: todas las tecnologías de energía renovable siguen cayendo. La energía solar ha bajado un 80 %, la eólica un 60 %, las baterías un 60 %". Dime si los combustibles fósiles pueden competir con eso. Las energías renovables están cayendo constantemente. Por lo tanto, el RMI dice que es un "sistema que ofrece costos que bajan continuamente y está disponible en todas partes".

Hay muchas esperanzas de que esas tecnologías puedan tener un impacto muy pronto en las emisiones de gases de efecto invernadero en el mundo. Eso es tecnología; definitivamente, la tecnología está en la curva exponencial. Lo que no está en la curva exponencial es la política. Los países están muy atrasados en cuanto a la capacidad de implementar las políticas que proporcionan los incentivos para la descarbonización que necesitamos.

CS. Necesitamos construir un futuro que no solo sea neutral en carbono, sino un futuro que sea positivo para la naturaleza. Necesitamos ambas cosas.

WD. Resulta que lo que realmente necesitamos hacer para llegar a cero emisiones netas son las mismas cosas que necesitamos para hacer un mundo mejor.

---

84 Organización estadounidense sin ánimo de lucro que tiene como finalidad buscar un futuro de la energía de cero carbono.

PP. Para nosotros es una mentalidad regenerativa. Nos desafía a ir más allá de nuestros modelos extractivos lineales, a reconocer una cualidad fundamental de los seres vivos y los ecosistemas, que es la capacidad de regenerarse, la capacidad de reponerse, de crear las condiciones para más vida ahora y para las generaciones venideras. Por lo tanto, ser positivo neto en ese sentido significa abrazar el poder de la naturaleza para renovarse y regenerarse.

La naturaleza, por definición, no tiene ningún desperdicio; la naturaleza es regenerativa. Los residuos y nuestro modelo económico lineal destructivo, nuestro modelo extractivo —si puedo llamarlo así—, fueron inventados por el ser humano. ¿Por qué no podemos aprender más de la naturaleza y desarrollar estos modelos de negocio regenerativos? Es mucho más amplio que solo el cambio climático. Cero neto está hablando de cambio climático, pero tenemos problemas con el agua, con los derechos humanos, con salarios dignos, con la mejora de las comunidades, con el impulso de la diversidad y la inclusión, con el fortalecimiento de las democracias.

WD. Solo abordando esos problemas de fondo tenemos alguna posibilidad de llegar a cero neto y a resiliencia climática.

PP. La inteligencia artificial (IA) es un impulsor clave de los Objetivos de Desarrollo Sostenible, como hemos visto con la agricultura de precisión, con la tecnología que ahora se necesita para avanzar hacia la circularidad o atacar el cambio climático.

¿Apuesto por la IA para todas las soluciones? Creo que eso sería muy ingenuo. ¿Es esa una de las herramientas de nuestra caja de herramientas que debemos tener en cuenta? Sí. Pero si tuviera que apostar por una cosa, entre la IA y el ingenio y la bondad humana, seguiría apostando por el lado humano.

LA ESPERANZA

No podemos perder la esperanza, porque todo estaría perdido; debemos recuperar la esperanza. Son la bondad humana y los sentimientos la materia prima fundamental para lograr este cambio en la ecología humana que nos permita coquetear y enamorarnos de una nueva forma de hacer las cosas. Tenemos el privilegio de vivir en la época más apasionante para la humanidad y tenemos en nuestras manos todas las herramientas para hacer de este cambio un propósito de varias generaciones que lograron modificar el rumbo. ¿Qué otros cambios debemos promover?

PP. Cada vez más, los conjuntos de habilidades que necesitamos ahora son más amplios. Y probablemente tenemos toda una generación de personas a las que no se les han enseñado esas habilidades: la habilidad de la cooperación, del consenso, de construir una comunidad, impulsada por un propósito mayor, el pensamiento del modelo de negocio multigeneracional.

MS. Somos la generación más afortunada. Pero lo que puedo decir es que no tenemos demasiado tiempo para seguir siéndolo, y habremos de pasar a la historia como los más grandes héroes del planeta o sus mayores perdedores.

A menudo pienso en esto y en mi hijo, pienso en tu hijo, en la próxima generación. Y tengo este increíble sentido de obligación, así como un profundo miedo al fracaso, que básicamente quieres tratar de contener la explosión que está dentro de ti para que no afecte sus vidas, su asombro, su capacidad de tener estas oportunidades que hemos disfrutado en el planeta. Y te preocupa no estar haciendo lo suficiente, así que tienes que dedicarte a tratar de hacer todo lo que puedas y, al mismo tiempo, apartarte de su camino, empoderarlos porque su impaciencia, su ingenio, su forma de ver el mundo, es mucho mayor que cualquier cosa que pudiéramos haber traído. Y, francamente, necesitamos eso, más de lo que tal vez incluso ellos nos necesitan.

MK. Los niños son la esperanza, ellos son la escuela. Nosotros tenemos la misión y la tarea espiritual de enseñarles para que ellos sigan esa misión. Ese es el ciclo del existir arhuaco; entonces ellos tienen la misión. Que lleven toda esa sabiduría a sus vidas y a sus futuras generaciones, que no se acabe este pensamiento.

SE. Si pudieras elegir de cualquier momento de toda la historia del mundo ser un niño de diez años, elige ahora, elige ahora mismo. Este es un momento tan importante. Tu superpoder, el poder de saber lo que nadie podía saber, lo que yo no podía saber, cuando tenía diez años. Nadie había estado en la Luna cuando yo era niña; nadie había estado en la parte más profunda del océano cuando yo era niña; nadie podría ver la Tierra desde el espacio para ver lo que sabes, lo que puedes ver. Has visto en esas imágenes que el mundo es azul; puedes sostenerlo en tus manos. Es un lugar; estamos todos juntos en esto. Sabemos que el océano está vivo; no es solo agua, está lleno de vida desde la superficie hasta las mayores profundidades, 11 kilómetros. Cuando era niña, nadie había estado en la parte más profunda del océano. Ahora la gente lo ha hecho; tenemos testigos y están compartiendo la opinión con ustedes. Tú, como un niño de diez años, eres el niño más afortunado que jamás haya existido en el planeta. Así que usa tu poder y usa tu superpoder. Hay muchas razones para preocuparse por lo que está sucediendo en el mundo, por la pobreza, por las pandemias, por muchas cosas. Pero si piensas en las cosas buenas, lo que ahora sabemos, que todas las personas que vivieron tiempos pasados no solo no lo hicieron, sino que no pudieron saber que sabemos ahora, eso es motivo de celebración. Piensa en lo fuerte que eres no solo con lo que ahora sabes, sino también con lo que puedes aprender, y ponlo a trabajar para salvar las cosas que te importan, para protegerlas, para tener un mundo que es mejor que el mundo que ahora existe, gracias a ti, debido a lo que tienes: tu superpoder.

MS. Debes estar impaciente por crecer y prestar tu voz, tu inteligencia y tu energía porque nosotros, mi generación, te necesitamos más de lo que crees que sabes.

WD. Es como una persona que se pone de pie en un discurso de graduación en una universidad y dice: "El mundo es un desastre, depende de ti graduarte y arreglarlo". ¿Qué clase de tontería es esa? Son jóvenes, nosotros somos los que hemos estropeado el mundo. Esta es la razón por la que les digo a los jóvenes y por la que creo que hablar de pesimismo y oscuridad en torno al clima es tan negativo, y no solo eso, sino también inútil. Es cruel condenar a los jóvenes al miedo, como si el mundo fuera a llegar a su fin. Esto no va a llegar a su fin. Para resolver este problema necesitamos toda la energía, todo el positivismo, toda la fe en nuestro ingenio.

JR. Diría que no tenemos absolutamente nada que perder apostando por la esperanza. ¿Por qué no darle una oportunidad? Debemos darle una oportunidad, por supuesto. Entonces, termino en el lado más optimista de la moneda. Pero todavía no estoy convencido de que no estemos en mitad del proceso.

CF. Deberíamos estar en un mundo que ha reescrito el Antropoceno, de una era de destrucción causada por la humanidad a una era de regeneración debido a la humanidad.

PP. Tengo esperanza, porque no es lo mismo que solo optimismo, es realmente una capacidad de trabajar juntos en algo, porque es lo correcto. Esperas la oportunidad de tener éxito, pero lo haces porque sabes que moralmente —y cada vez más, financieramente— es lo correcto, y lo que tiene sentido independientemente de cómo resulte. Tengo hijos y nietos, y lucharé hasta el último día para ver que demos todo lo que podamos para hacer esta transición y darles también las mismas oportunidades que hemos tenido nosotros en este maravilloso mundo.

FIN

Me considero un optimista. Me gusta ver siempre el mundo desde la filosofía del vaso tres cuartos llenos y que todo tiende a mejorar. Este libro de aprendizajes personales sobre la mayor crisis existencial de la raza humana pretendió precisamente verla desde la óptica del positivismo, de que todo está en nuestras manos; claro, con acciones concretas y reales de cada uno de nosotros. Pasar del pensamiento a las acciones.

Estamos vivos por un ratico. Un mes es muy largo, parece una eternidad, especialmente en este país donde las noticias no se detienen. Un mes es muy largo, pero la vida es muy corta, dice la sabiduría popular. "La vida es corta y el arte es largo", decía Séneca. Vivimos siempre a través de quienes vienen detrás: de nuestra descendencia, son quienes nos recordarán al pasar los años cuando ya no estemos. Vivimos el presente, en una historia humana corta y en una época fascinante para estar vivos, y aunque nuestro recuerdo es efímero y en general dura solamente un par de generaciones, tenemos una enorme responsabilidad, como generación humana, de evitar el desastre del que estamos sobrealertados para las próximas décadas. Soldado avisado no muere en guerra, enseñan los mayores. Dicen algunos que es arrogante pensar que el ser humano podría cambiar los ciclos del planeta y provocar el cambio climático, pero la ciencia ha demostrado que sí es la acción humana la que ha modificado aceleradamente el comportamiento del planeta. Es entonces nuestra tarea prolongar ese Jardín del Edén por el máximo tiempo que podamos. Así como somos nosotros sus causantes, somos también los llamados a aplazarlo. Es algo arrogante también pensar que un libro como este puede cambiar pensamientos o invitar a la acción, pero decido hacer el esfuerzo generoso de compartir este viaje de aprendizaje que comencé durante la pandemia y que ha sido tan útil para mí. Ya todo ha sido dicho a través del libro, a través de las distintas voces autorizadas de este documento, que nos muestra que sí está en nuestras posibilidades y responsabilidades individuales generar los cambios que se necesitan.

Con frecuencia miro a través de la ventana de mi alcoba el bosque nativo, justo donde comienza la tonalidad de distintos verdes de la frondosa abundancia de especies locales. Se llama la Reserva Forestal de los Cerros Orientales de Bogotá, un ecosistema que ha sido protegido del impacto de la construcción y del desarrollo de la ciudad, que los arrasaría en un corto y fulminante suspiro en su hambre de crecimiento, buscando habitaciones para nuevas familias, oficinas, centros comerciales y nuevas vías para alargar la infinidad de arterias de la ciudad. Afortunadamente existen los planes de ordenamiento territorial, las guías y reglas que regulan y delimitan la ciudad, por un bien común. De no ser así, este bosque ya no existiría. A inicios de 2024, tras el fenómeno de El Niño, Colombia se vio muy afectada por unos meses de muy pocas lluvias, que casi llevan a que los habitantes de su ciudad principal se quedaran sin agua, más de ocho millones de bogotanos. Llegamos a un inusual racionamiento de agua en un país que se precia de ser un país de agua. Habíamos tenido racionamiento de energía hacía cuatro décadas, cuando era niño, aquella vez también por el fenómeno de El Niño. Lo recuerdo en mi niñez con algo de nostalgia: subir ocho pisos del edificio donde vivíamos con mis papás en el noroccidente de Bogotá, en plena oscuridad, con linternas, por las oscuras escaleras o con las lámparas de gas de acampar que utilizábamos para iluminar los hogares y poder cenar en familia, con la iluminación de las velas o plantas de energía que creaban a su vez una contaminación auditiva y de consumo de combustible que afectaban a todos los vecinos. Y ahora, casi cuarenta años más tarde, nos toca el turno del racionamiento de agua.

Miro por la ventana y pienso en la fragilidad del bosque, un bosque que cambió su alegre colorido en tan solo unas semanas sin lluvia y es una señal de cómo podría desaparecer tan fácilmente con el cambio climático. Finalizando las letras de este libro, encuentro en la primera página del diario más importante del país la siguiente noticia, después de que llevamos más de tres meses en este racionamiento de agua: "¿Por qué nos cuesta entender que el agua se puede acabar?". Recuerdo las noticias fatalistas con las que comencé este texto, esta del diario de hoy es una más. Es la Alcaldía Mayor de Bogotá quien promueve esta vez este anuncio de primera página, lo que le da algo de mayor seriedad institucional:

> El cambio climático es el principal responsable de la crisis de agua en Bogotá. Los embalses están críticamente bajos por un verano intenso, falta de lluvias y aumento de temperaturas, reduciendo drásticamente la disponibilidad de agua potable. Sin acción inmediata, la sostenibilidad y el bienestar de la capital están en riesgo. Las sequías afectaron el nivel de los embalses, generando incendios forestales que demandaron 1,4 millones de metros cúbicos de agua para su extinción, lo equivalente al consumo de Bogotá en un día. Desde el inicio de los racionamientos se han ahorrado 12.988.339 metros cúbicos de agua, equivalentes a 5.195 piscinas olímpicas.

Los incendios que se mencionan fueron inolvidables y asustadores, en aquellos Cerros Orientales protegidos, pero que se fueron quemando durante varias semanas debido a la sequía, y se dice que por la acción de algunos pirómanos. Recuerdo la angustia de ver nuestros cerros ardiendo, expandiéndose de sur a norte de la ciudad, y generando una nube de humo que la cubrió por completo durante algunos días, afectando también la calidad del aire que respiramos. La ansiedad generada por el sonido permanente de los helicópteros bomberos que traían agua, en sus pequeños *bambi buckets*, de las reservas de agua cercanas y que alimentan la ciudad, incrementaba la angustia, al saber que el incendio continuaba. La noticia de primera página, que no es extraña para lo que nos han contado sobre el racionamiento, suena y es catastrófica. No hay ángulo de positivismo que pueda verse en esta situación, aunque los frailejones calcinados en su exterior vuelven a renacer de las cenizas a los pocos días, con un mensaje esperanzador. Sin embargo, pareciera que los habitantes de la ciudad, y del país, no son realistas con esta nueva realidad que se asoma en el futuro, en la que Colombia, uno de los países menos contaminantes del planeta, uno de los países con más agua y mayor biodiversidad del planeta, sí es uno de los más afectados por el fenómeno planetario. Han pasado pocos meses desde los incendios y pareciera que ya los olvidamos.

No quiero entrar a enumerar o a hacer un ensayo sobre mis conclusiones personales de este proceso de conversaciones. Quizás mi lectura y mis conclusiones son distintas a las de otros lectores. Cada uno tiene, desde su realidad y sus prioridades, capacidades y visión sobre la materia y cada uno podrá tomar decisiones voluntarias según la cercanía que el tema le genere. Sin embargo, reflexiono sobre los temas aprendidos: la relación entre la pandemia y la crisis planetaria, pero también sobre la justicia entre países y la forma urgente en que el planeta como un todo reaccionó, desde todos los ámbitos, en la búsqueda de superar la crisis en conjunto. Los Gobiernos, las empresas, la comunidad como un todo. Una gran lección, que nos sirve para afrontar el futuro, fue que la pandemia era de todos: no se podía quedar nadie atrás; con uno que se quedara atrás, nadie saldría de la crisis. Algunos dicen que la pandemia salió de un laboratorio, pero es claro que al romper las barreras de la naturaleza y desequilibrar los sistemas, alteramos todo. Por fortuna, la pandemia finalmente se logró controlar de manera rápida y global. ¿Qué otros aprendizajes deja aquello para la crisis planetaria que enfrentamos? ¿Debería ser tratada como un tema de seguridad planetaria por el máximo organismo global con acciones concretas más fuertes, eficientes y vinculantes? Pienso también en los síntomas de lo que sucede y en cómo somos una especie diminuta y pasajera en la historia de un planeta del que en nuestra arrogancia humana nos creemos sus dueños, y donde quien tiene más recursos o dinero se cree con más derechos y dueño de más.

Somos una más de los diez millones de especies y aún creemos que somos la única, la que manda, la que más derechos tiene sobre todo lo demás, y con una convicción de que todo está allí en la naturaleza para tomarlo, de forma gratuita. Ser parte de la naturaleza es uno de mis grandes aprendizajes de este proceso. Pienso en las especies en riesgo, en algunas de las más visibles por el mercadeo o por su estética, como el oso polar o las tortugas en general, y contrasto con el amor que tienen las familias por sus animales domésticos y cómo los cuidan. ¿Y qué pasa con los animales silvestres y salvajes? Regreso al ejemplo de los Cerros Orientales de Bogotá, y leo en la prensa de días recientes sobre una especie de ave, el copetón, muy común en la zona, que ha disminuido de forma ostensible su población como consecuencia del cambio climático y el crecimiento de la ciudad. Pienso en aquel pájaro que escuchaba cantar en los amaneceres durante tantos años y desde hace un tiempo no volví a escuchar. Pienso en el concepto del Jardín del Edén y en el inicio del Antropoceno, y que está en manos de la humanidad evitarlo. Pienso en quienes insisten en negar la crisis planetaria y el cambio climático o en quienes la reconocen, pero niegan que sea efecto del actuar humano, así como alguien todavía dice que la Tierra es plana. Creo que la evidencia científica es clara, es ya algo innegable y sobre lo que debemos apropiarnos, identificarnos y tomar acciones, sentirnos orgullosos de los aprendizajes, y pensar que estamos en capacidad de revertirlo. Los avances científicos deben ser orgullo de la humanidad entera. Rockström me decía que ya muchos no se desgastan con los negacionistas porque simplemente no van a cambiar de opinión. Pienso en lo poco que sabíamos hace cien, cincuenta o setenta años y en el recorrido para llegar acá: hoy tenemos las herramientas y se acabaron las excusas. Como quien sabe que va a pecar y peca: no tiene excusa y debe tener responsabilidad. Cada acción tiene su consecuencia, les enseñamos a nuestras hijas. Pienso en la discusión absurda de ideologías políticas de extremos, sobre quién tiene razón en estos temas, que en realidad nos pertenecen y nos afectan a todos. Las ideologías se tomaron el discurso climático y no se dan cuenta del enorme daño que le generan: es contraproducente y cortoplacista. Réditos a corto plazo a costa de lo realmente importante. Pienso en los límites planetarios y en los bienes comunes, algo tan grande que es difícil de entender, pero al compararlo con nuestros exámenes sanguíneos, es quizás más fácil de digerir.

¿Qué puedo hacer desde mi vida en Bogotá para proteger la biodiversidad mundial, el Amazonas, la capa de hielo polar o los bosques boreales? Pienso en la Amazonía y en su biodiversidad y en cómo es necesaria para la vida humana en todo el planeta. El famoso efecto mariposa, pero el de verdad: en los árboles del Amazonas o en los corales del océano al otro lado del planeta, que hacen que todo sea posible. Pienso en la afectación del océano, sus temperaturas, corrientes y acidez, y en su importancia para los ciclos del planeta, pues es lo que lo hace habitable. Pienso en las especies marinas y su camino hacia la extinción y los efectos que eso tendrá sobre millones de habitantes del planeta. Pienso en la década, o en las décadas que vienen, de grandes decisiones de una humanidad comprometida y hermana; en si seremos capaces de reducir las emisiones en 50 % por década hasta el 2050. Pienso en los cambios en paradigmas económicos que se requieren, en la evolución del producto interno bruto como medida absoluta de crecimiento en esta carrera hacia el barranco. Son los cien metros planos en velocidad hacia lo incierto. Pienso en la crisis humana que hay detrás de la crisis planetaria. ¿Cuáles son esos factores que producen la crisis? El consumismo ilimitado, los egos, la ambición humana, el desperdicio, las desigualdades, las guerras, y muchos otros. Suena abrumador y desmotivador pensar en todo esto, a escala individual suena todo como utopías y sueños. Pienso en que debemos evolucionar a identificarnos como parte integral de la naturaleza, no como amos y señores de una tierra que está allí para nuestro consumo. Pienso en la filosofía ancestral de la *Ley de Origen* arhuaca: agradecer y retribuir por lo que tomamos de la naturaleza.

Pienso en la debatida crisis de los combustibles fósiles y en la enorme encrucijada que representa, y en la necesidad de una transición de las próximas décadas para frenar el Antropoceno, algo que ya ni los países petroleros o grandes compañías de la industria fósil niegan. Una transición, no sobra repetirlo, que no puede retroceder el bienestar alcanzado por la humanidad ni afectar a unos más que a otros, y mucho menos a los países que menos tienen, que deben seguir avanzando. Pienso en la meta de no superar 1,5 °C de incremento en temperatura: algo que suena tan fácil, algo que suena tan claro en objetivo, pero a la vez tan abstracto y difícil de entender. ¿Qué es 1,5 °C en promedio en el planeta? Esa cifra de 1,5 °C que podría resumir todas las palabras de este libro. Los climas cada vez más extremos confunden; tenemos temperaturas récord y anómalas en gran parte del planeta. Pienso en los enormes esfuerzos de la comunidad ambientalista y científica global, y en los activistas que luchan día a día, que llevan décadas estudiando y enseñando, décadas de conferencias que a veces parecen perdidas e inoficiosas, pero todas encaminadas a lograr un consenso y acuerdos globales que lleven a una solución y a un plan. El Acuerdo de París es un ejemplo de ello: un consenso en el que casi doscientos países dijeron sí a las metas del 2050. Ahora falta ponerlas en práctica. Pienso en la importancia de la escucha, en la importancia de no descartar a nadie, ni a los hermanos menores ni a los hermanos mayores de todo el planeta, porque entre todos está la solución y todos tenemos conocimientos diferentes. Pienso en la importancia de la educación climática y ambiental, y social, y en el activismo. Todos podemos ser activistas en cierta manera. Este libro es mi manera de ser activista. Pienso en la alimentación de cada uno, un paso tan sencillo para lograr un aporte, tan simple como un cambio en la dieta, que puede ser considerado como otra transición. Reducir el consumo de proteína animal es algo realmente fácil. Puede ser el nuevo "Un pequeño paso para el hombre, pero un gran paso para la humanidad", sin necesidad de ir hasta la Luna; con cambiar la dieta podemos cambiar el planeta. Y además será bueno para nuestra salud. Pienso en los miles de compañías privadas y fondos de inversión que están buscando tecnologías para la transición. Pienso en las empresas y en su enorme responsabilidad, en los líderes empresariales y CEO, que ya muchos han dado pasos muy adelantados, más rápido incluso que los Gobiernos, en la búsqueda de empresas sostenibles con miras a ser huella de carbono neutras a mediano plazo. Muchas, enormes, ya han avanzado y definido sus metas y planes, saben que es una necesidad y que sus mismos clientes se los van a exigir. Pienso en que si cada empresa, grande o pequeña, especialmente las pequeñas, por su cantidad e importancia, se convence de dar el paso hacia medir su huella anualmente y compensarla, será un avance enorme para la humanidad. Debemos educarnos en ello quienes estamos en la empresa privada.

Me gusta pensar en este documento como un libro de negocios: que los empresarios medianos y pequeños entiendan que deben dar ese gran paso. Pienso también en los políticos y sus discursos muchas veces vacíos y sin acciones. Pienso en la responsabilidad de reforestar y de proteger los sumideros de carbono del planeta, priorizar dónde con menos recursos se puede tener el mayor impacto positivo; en esto podemos actuar todos: Gobiernos, organizaciones no gubernamentales, empresas y personas. Pienso en los parques naturales y en su importancia, en la conservación del 30 % para el 2030, en lo que ya muchos países definieron sus metas. Pienso en las reservas naturales de la sociedad civil y su generosidad. Pienso en la tecnología y en la inteligencia artificial, que serán claves para este enorme proyecto de la humanidad, en la búsqueda de nuevas tecnologías para construcción, para transporte, para energía, para alimentación, o incluso para captura de carbono. Y finalmente pienso en lo más importante, en la esperanza: pienso que todo estará bien para las siguientes generaciones si las actuales hacemos lo correcto. Pienso que está en nuestras manos, en las de cada uno, pasar del discurso a los hechos. Pienso en cada uno de los entrevistados para este libro y en todas las personas como ellos y las más jóvenes, que vienen en camino de formación y de liderazgo, y que dedican sus vidas a esta causa, que influirán en millones de personas más, que definirán el futuro del planeta para los próximos miles de años.

Cada persona puede trabajar desde su metro cuadrado, o desde su hectárea, desde su espacio y capacidad de influencia, en cuantificar y realizar su aporte. Un país como el mío, por ponerlo de ejemplo, puede ser un líder mundial en sostenibilidad si como prioridad toma unas acciones de protección y restauración reales que tengan un impacto global. Mucho más impacto tiene ello que desgastarse con amenazar a corto plazo a las industrias fósiles del país y perder con ello los ingresos para sacar adelante a su población y generar mayor bienestar colectivo, e incluso para poder financiar la transición. "Sin el pan y sin el queso", es una forma de verlo. Se debe realizar, pero es un trabajo de décadas de transición que requiere planeación y estrategia. Debemos trabajar primero desde las fortalezas. Nuestro problema no radica especialmente en las emisiones que generamos como país, sino en la capacidad que tenemos de conservar y rescatar sumideros de carbono y proteger la biodiversidad de este pequeño rincón especial del planeta que le presta un servicio al resto de la humanidad. Distinta es la realidad de Rusia, Estados Unidos, España, el Congo o Costa Rica, por mencionar ejemplos aleatorios, donde cada uno con su realidad y sus avances particulares debe ver cuáles son sus apuestas para aportar a la conservación de esta casa común.

En términos de familia y personales, vienen unas generaciones que desde ya saben más que nosotros: nuestros hijos y futuros nietos tendrán la satisfacción, más allá de la responsabilidad, de ser ellos quienes generen los cambios económicos y sociales que logren que el planeta se mantenga como el Jardín del Edén, porque aún estamos a tiempo. Debemos darles espacio. Hoy, para no ir muy lejos, Emma, mi hija de tres años, me preguntó: papá, ¿por qué dejaste la luz del baño prendida? Mi generación tiene ya una edad suficiente para actuar con responsabilidad y amor por los siguientes en turno, con conciencia de que es probable que no alcancemos a ver un planeta que no sea dependiente de los combustibles fósiles, pero sí en camino de serlo. El gran reto mental es convertir la sostenibilidad en estrategia y preguntarse cada día por qué el mundo está mejor por estar yo en él, frases que me quedan de este ciclo de conversaciones.

En los últimos años, con los aprendizajes, he tomado algunas decisiones en mi vida que aportan desde mi metro cuadrado: en la forma como me alimento —he tratado de reducir al mínimo el consumo de proteína animal—, en la forma como busco una huella de carbono cada vez más cercana a cero, tanto personal como en mis ocupaciones laborales, o con proyectos de siembra de miles de árboles en diferentes regiones de Colombia, e incluso he tratado de promover la sostenibilidad a través de proyectos de comunicación, como lo son este libro o el cine. El mensaje y la invitación son que cada uno puede aportar desde sus capacidades. No trabajo en sostenibilidad ni soy un *treehugger*, como decía Sanjayan, pero puedo buscar ser cada vez más sostenible. Cada uno sabe qué es capaz de hacer, pero primero debe entender por qué es importante cambiar. Cada uno sabe qué tipo de acciones y decisiones puede y debe tomar. Otras decisiones globales vendrán de los Gobiernos, y de la tecnología, que avanza a enormes velocidades. Es un proceso que toma tiempo. Estas decisiones de cada uno, aunque suene redundante, son personales y nadie nos las debe exigir. Este texto jamás pretendió aleccionar ni pontificar ni tener un tono superior o moralista, ni mucho menos catastrofista. Pretendió más enseñar y ser un texto positivo y con esperanza. Es simplemente un libro que comparte inquietudes y aprendizajes, y poder difundirlos, desde la sincera generosidad. Ya serán cada vez más asequibles y aparecerán nuevas tecnologías, nuevas maneras de alimentarnos, de crear energía, de transportarnos, de construir, de capturar carbono. Mientras tanto, debemos fortalecer la protección y restauración de los territorios y sumideros de carbono.

Seamos parte de esta nueva etapa, de estas décadas decisivas, seamos parte del cambio. Seamos parte de la naturaleza, identifiquémonos como tal, como sugiere mamo Kuncha.

Así como la llegada a la Luna en 1969 y vernos diminutos desde el espacio esa primera vez en 1968 fueron grandes hitos en la historia de la humanidad, es ahora el momento en que estos pequeños pasos de cada individuo y las familias harán ese nuevo gran paso para el planeta y sus habitantes.

Otras lecturas de interés

Caparrós, M. (2014). *El hambre*. Editorial Planeta.

Davis, W. (2016). *Los guardianes de la sabiduría ancestral*. Sílaba.

Farrier, D. (2021). *Huellas. En busca del mundo que dejaremos atrás*. Editorial Crítica.

Figueres, Ch., & Rivet-Carnac, T. (2020). *The Future We Choose. Surviving the Climate Crisis*. Manilla Press.

Francisco. (2015). *Laudato si', por el cuidado de nuestra casa común*. www.vatican.va.

Francisco. (2023). *Laudate Deum*. www.vatican.va.

Gates, B. (2021). *Cómo evitar un desastre climático*. Plaza & Janés.

Kolbert, E. (2014). *La sexta extinción*. Sello Crítica.

Polman, P., & Winston, A. (2021). *Net Positive: How Corageous Companies Thrive by Giving More Than They Take*. Harvard Business Review Press.

Ritchie, H. (2024). *Not the End of the World. How We Can Be The First Generation to Build a Sustainable Planet*. Brown Spark.

Rodríguez Becerra, M. (2019). *Nuestro planeta, nuestro futuro*. Debate.

Wallace-Wells, D. (2019). *El planeta inhóspito*. Debate.

Agradecimientos

Amado Villafañe, por el acercamiento con mamo Kuncha.

Andrés Londoño, por su trabajo editorial y de traducción del inglés.

Arukin Torres, traductor de lengua arhuaca.

Danilo Villafañe y Gunna Chaparro, de la Fundación Danilo Villafañe.

Diego Vélez Estrada, de Memuá Films.

Fabio Arjona, de Conservation International.

Luis Javier Castro, por el acercamiento con Christiana Figueres.

Sebastian Troëng, de Conservation International.

Zeena Creed, de Net Positive.

Camilo Hoyos, Beatriz Estrada, Fernando Trujillo, M. J. Vélez, Manuel Rodríguez Becerra, María Belén Sáez de Ibarra y Ugo Posada, por sus lecturas previas.

Carolina López, Sebastián Estrada y Natalia Iriarte, de Penguin Random House.